“十四五”高等职业教育计算机类新形态一体化系列教材

Python程序设计任务驱动式教程

孙 伟　刘文军　洪勇军◎主　编
朱 东　李文俊　黄羿衡◎副主编

中国铁道出版社有限公司
CHINA RAILWAY PUBLISHING HOUSE CO., LTD.

内 容 简 介

本书以较新的 Python 3.10 为基础，以应用为导向，采用任务驱动的方式向读者介绍 Python 的基础知识，重视问题解决方法与编程能力的训练。全书共 11 个单元，主要包括初识 Python，Python 语法基础，选择结构，循环结构，列表、元组与字符串，字典与集合，函数与模块，面向对象编程，异常处理，文件操作，数据处理基础。

本书内容覆盖了 Python 语言最常用的知识点，知识体系新颖、内容安排循序渐进，以大量任务和实例为依托，并辅以大量学习资料、在线视频、题库等立体化教学资源，便于学生在实践中学习和提高。

本书适合作为高等职业院校计算机相关专业的教材，也可作为各类 Python 初学者的参考用书。

图书在版编目（CIP）数据

Python 程序设计任务驱动式教程 / 孙伟，刘文军，洪勇军主编 .—北京：中国铁道出版社有限公司，2023.2（2024.1 重印）
“十四五”高等职业教育计算机类新形态一体化系列教材
ISBN 978-7-113-29705-3

Ⅰ.① P… Ⅱ.①孙… ②刘… ③洪… Ⅲ.①软件工具－程序设计－高等职业教育－教材 Ⅳ.① TP311.561

中国版本图书馆 CIP 数据核字（2022）第 181574 号

书　　名：Python 程序设计任务驱动式教程
作　　者：孙　伟　刘文军　洪勇军

策　　划：翟玉峰　　　**编辑部电话：**（010）51873135
责任编辑：翟玉峰　彭立辉
封面设计：尚明龙
封面制作：刘　颖
责任校对：苗　丹
责任印制：樊启鹏

出版发行：中国铁道出版社有限公司（100054，北京市西城区右安门西街 8 号）
网　　址：http://www.tdpress.com/51eds/
印　　刷：北京联兴盛业印刷股份有限公司
版　　次：2023 年 2 月第 1 版　2024 年 1 月第 2 次印刷
开　　本：880 mm×1 230 mm 1/16　**印张：**11.25　**字数：**253 千
书　　号：ISBN 978-7-113-29705-3
定　　价：35.00 元

前　言

近年来，随着人工智能和大数据等相关技术的发展，Python 已经成为非常热门的程序设计语言。Python 的设计哲学是“优雅”、“明确”和“简洁”。与 C、Java 等传统语言相比，Python 以其功能强大、语法简洁、代码优雅、简单易学吸引了大量的学习者。Python 的学习和使用难度更低，其拥有超过 12 万个第三方库，几乎覆盖信息技术的所有领域，很多复杂的任务只需要几行代码就可以完成，大大方便了用户的开发。

在 2022 年 1 月的 TIOBE 程序语言排行榜中，Python 第五次获得 TIOBE 年度编程语言奖，创下了编程语言摘得此奖的历史纪录。在目前的快速发展趋势下，未来还会保持较高的热度。

由于 Python 语言的简洁性、易读性以及可扩展性，在国外用 Python 做科学计算的高校和研究机构日益增多，一些知名大学如卡耐基梅隆大学、麻省理工学院已经采用 Python 来教授程序设计课程。在国内 Python 也被广泛使用，目前许多本科院校、职业类院校，甚至中学都开设了 Python 程序设计课程。

本书具有以下特点：

（1）入门简单：以简单的方式介绍 Python 入门知识，从初学者的视角进行编写，循序渐进，学习者只需根据本书安排的内容进行学习，即可轻松掌握 Python 入门知识。

（2）定位明确：定位高职院校计算机程序语言入门课，针对高职学生的特点，重视实践和动手能力的培养，并以直观易懂的方式介绍理论内容，同时多用图表展示内容，方便高职学生学习。

（3）任务驱动：本书采用任务驱动的方式进行编写，通过完成任务，培养学生分析问题、解决问题的能力。

（4）技术新颖：本书介绍的内容全部使用当前较新的 Python 版本，引入了 Python 3.10 的新特性（如 match...case 语句等），保证技术的新颖性和前瞻性。

（5）理论结合实践：采用“学习 + 练习”双线并行的方式，加强学习效果。

（6）教学资源丰富：配备了教学大纲、教学 PPT、习题及答案、考试试卷、试题库、在线教学视频等，方便教师教学和学生课后复习。

本书由孙伟、刘文军、洪勇军任主编，朱东、李文俊、黄羿衡任副主编。具体编写分工：第 1、3、4 单元由孙伟编写，第 10、11 单元由刘文军、黄羿衡编写，第 2、7 单元由朱东编写，第 5、6 单元由李文俊编写，第 8、9 单元由洪勇军编写，孙伟对全书进行了统稿和定稿。编写组 6 位成员高、中级职称比例是 4∶2，学历上，硕士、博士比例是 3∶3，6 人中有 2 位软件专业负责人、1 位软件教研室主任，都是在教学一线长期从事教学工作和开发工作的教学骨干，有着丰富的教学经验。在本书的编写过程中还得到了苏州市创采软件有限公司费鹏先生的大力支持与帮助，他参与教材大纲的编写、内容的指定与讨论，在此表示诚挚的谢意。

本书面向高等职业院校的学生，适用于软件技术、大数据技术、人工智能技术应用、云计算技术应用、计算机应用技术以及其他相关专业的初学者，也可用于培训机构、中等职业学校等单位的学习者。本书建议开设 64 学时。

本书提供全套教学课件、源代码、课后习题答案、考试题库以及教学大纲，配套资料可以在中国铁道出版社有限公司网站上下载或与责任编辑联系索取。

由于编者水平有限，书中疏漏与不足之处在所难免，敬请读者和同行批评指正。

编　者

2022 年 5 月

目 录

视频目录

第1单元

初识 Python

知识目标

- 掌握Python语言的基本结构。
- 熟悉Python语言的开发和执行过程。

能力目标

- 能够理解Python语言的特点。
- 能够安装和配置Python开发环境。
- 能够编写并调试简单的Python程序。

计算机程序设计语言是人与计算机之间传递信息的媒介，与所有人类发明的语言一样，都是为了表达人的所思所想。用程序设计语言编写出来的程序语句，可以被“翻译”成计算机可以理解的机器语言并加以执行，这样人类借助计算机程序设计语言，就可以让计算机按人类的想法不知疲倦地进行工作。

人类开发了很多种程序设计语言，如C、Java、C#、Python、PHP、JavaScript、汇编语言等，不同的语言应用领域有所不同。Python作为一种优秀的通用程序设计语言，以简单、易学、功能强大、接近人类自然语言等优点受到人们的喜爱。特别是近年来人工智能、大数据等领域的蓬勃发展，Python作为其主要编程语言迅速流行起来。

任务 1.1 神奇的语言——走进 Python 世界

任务目标

通过查阅和收集资料，了解Python语言的发展史、语言特点、应用领域及学习方法，

视 频

神奇的语言——走进Python的世界

激发学习的热情和动力。

知识准备

1. Python简介

1989年12月，荷兰人吉多·范罗苏姆（Guido van Rossum）在ABC语言的基础上开发了一种解释型的脚本语言，取名Python。相对于C、Java等编程语言，Python易学、易读、易维护、功能强大，能使人更加专注于解决问题而不是去搞明白语言本身语法。用它编写代码高效简洁，开发效率大幅提高，极大地节省了开发人员的时间。图1-1所示为Python的口号与LOGO。

人生苦短，我用Python

图 1-1　Python 的口号与 LOGO

随着人工智能、大数据等新技术的崛起，Python受到越来越多人的喜爱，成为一种广为流行的计算机编程语言。2022年1月，著名的TIOBE编程语言排行榜上，Python已经超越Java和C语言，登上冠军宝座，成为2021年TIOBE年度编程语言。这是Python第五次获得年度编程语言，前四次分别是2007年、2010年、2018年和2020年，创造了程序设计语言排行的世界新纪录。Python 之所以受到编程者的喜爱，主要是因为Python拥有简单易上手的特性，可以极大地提高生产效率。一些知名大学已经采用Python来教授程序设计课程。例如，卡耐基梅隆大学、麻省理工学院等著名的高校都在编程基础课程或计算机科学及编程导论课程中使用Python语言讲授。我国2017年印发的《新一代人工智能发展规划》中，明确指出在中小学阶段设置人工智能相关课程后，Python在国内应用日益增多。未来是人工智能时代，有理由相信 Python 将发挥更大的作用。

2. Python语言的发展历史

Python第一个版本于1991年初公开发行。

Python 2.0于2000年10月发布，增加了许多新的语言特性。

Python 3.0于2008年12月发布，此版本不完全兼容Python 2.x，导致Python 2.x与Python 3.0不兼容。如果是初学者，建议从3.x的版本进行学习，编写本书时较新的版本是Python 3.10，Python 3.11现在处于测试使用中。

3．Python语言的特点

（1）Python语言的优势

① 简单易学。Python语言语法结构简单，提供了高效的高级数据结构，编写一个Python程序没有太多的语法细节和规则要求。阅读Python程序就像阅读人类语言一样自然，“信手拈来”就可以实现一个程序。

② 计算生态庞大。Python拥有十分庞大的库和框架，从游戏制作到数据处理，再到数据可视化分析等，为Python使用者提供了便捷的编程方式，可以用尽可能少的代码来实现同等的功能。完成同一个任务，用C语言要写1 000行代码，用Java只需要写100行，而用Python可能只要20行。

③ 丰富的数据类型。除了基本的数值类型外，Python语言还提供了字符串、列表、元组、字典和集合等丰富的复合数据类型。

④ 开源、免费。Guido van Rossum吸取ABC语言没有开源而失败的教训，将Python开源并供人们免费使用。强大的Python社区为它提供了成千上万不同功能的开源函数模块，极大地丰富了Python的功能，为基于Python语言的快速开发提供了强大支持。

⑤ 可扩展性强。Python 的可扩展性体现在它的模块，Python具有脚本语言中最丰富和最强大的类库，这些类库覆盖了文件 I/O、GUI、网络编程、数据库访问、文本操作等绝大部分应用场景。

（2）Python语言的局限性

每种语言都有自己的局限性，Python主要的问题是运行速度比较慢。当需要一段关键代码运行速度更快时，可以使用 C/C++ 语言实现，然后在 Python 中调用。Python 能把其他语言“粘”在一起，所以也称为“胶水语言”。

4．Python语言的应用领域

Python应用领域非常广泛，常见的应用领域如图1-2所示。

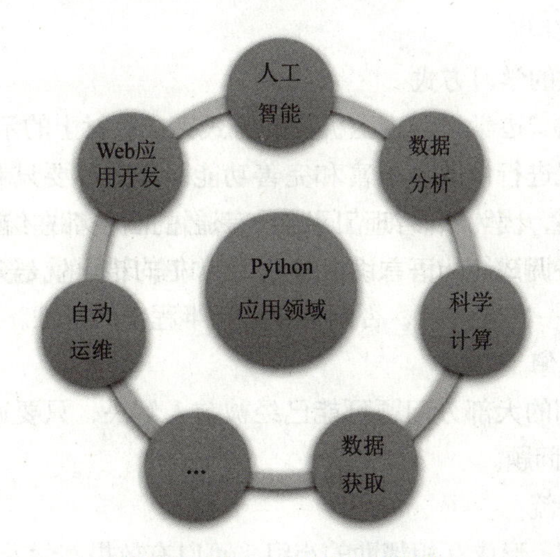

图 1-2　Python 常见应用领域

Python是一门通用语言，很早就承担系统管理员编写脚本的工作，目前它在数据科学、机器学习等领域广受欢迎。同时，Python 也适用于 Web 开发、移动应用程序开发，甚至嵌入式系统等领域。具体而言，Python主要的应用领域主要有以下几个：

（1）科学计算

Python有许多模块可以用于科学计算与数据可视化，例如NumPy、SciPy、pandas、Matplotlib等，涉及的应用领域包括数值计算、符号计算、二维图表、三维数据可视化、三维动画演示等，可以让Python程序员高效编写科学计算程序。

（2）数据获取

Python语言是数据分析师的首选语言，可以让工作的效率大幅提升。借助Scrapy等爬虫框架Python可以方便地设计网络爬虫程序，使用爬虫程序可以自动从互联网上获取大量的数据。

（3）数据分析

在海量数据的基础上，Python可以对数据进行清洗、去重、规范化处理，并结合机器学习等技术对数据进行分析，从而为决策提供数据支持。目前，Python是数据分析的主流语言之一。

（4）自动化运维

Python在自动化运维领域深入人心，早已经成为运维工程师首选的编程语言，它可以大幅提高自动化运维的效率。

（5）Web应用开发

Python经常用于Web开发，它有一些成熟的Web框架，如Django、Flask、Tornado、Bottle等，可以让程序开发人员轻松地使用Python开发Web应用程序。

（6）人工智能

在人工智能领域，Python是机器学习、神经网络、深度学习的主流编程语言。人工智能特别是深度学习领域的成功，强有力地推动了Python程序设计语言的发展。

5. Python的学习建议

（1）实践是最有效的学习方式

建议初学者首先按“边学习、边上机”的方式完成教材上的示例、任务和课后练习，然后再对现有程序尝试进行修改、丰富和完善功能。千万不要只看书不上机实践，也不要复制别人现成的代码，因为很多细节问题只有通过上机实践才能发现，另外，上机实践还可以快速提升程序调试能力。很多初学者经常犯的错误就是开始学习编程时只看书不上机实践，这个问题一定要注意，否则会导致后半程学习困难。

（2）使用好搜索引擎

在学习过程中遇到的大部分问题可能已经被前人解决，只要通过搜索就可以找到答案，迅速解决所遇到的问题。

（3）积极与别人交流

与别人研讨、交流，形成互相帮助的小组，可以有效提高学习效率。

（4）阅读和借鉴高手的源代码

在完成基本的学习任务之后，可以通过阅读分析高手的源代码，借鉴其长处，快速提升自己的编程水平。

任务分析

本任务比较简单，主要是通过网络收集Python相关资料，了解其基本背景知识和广受瞩目的原因。

任务实施

通过访问百度百科、知乎、菜鸟教程、CSDN、Python.org等网站查阅收集Python相关资料，罗列Python的特点、应用领域及受欢迎的原因。

任务 1.2　工欲善其事，必先利其器——构建开发环境

视频

工欲善其事，必先利其器——构建开发环境

任务目标

构建Python开发环境，并熟悉其基本使用方法。

知识准备

1. 安装Python程序开发相关软件

① 安装Python安装包。从Python官网下载的Python安装包中包含Python解释器、命令行交互环境，以及简单的集成开发环境（IDLE）。

② 安装集成开发环境。因Python自带的集成开发环境IDLE功能过于简单，一般还需要再安装一个集成开发环境，常用的主要有PyCharm、VS Code、Anaconda，本书使用对初学者比较友好的PyCharm。

2. 安装注意事项

安装Python的这两个软件时，一定要先安装好Python安装包，再安装集成开发环境，否则将只有集成开发环境外壳，没有解释器内核，无法运行Python程序。

任务分析

本任务主要完成相关软件的安装。“工欲善其事，必先利其器”，为方便编写Python程序，需要安装相关软件，具体分为Python的安装和集成开发环境的安装。

任务实施

1. 安装Python

首先访问Python的官方网站，单击DownLoads链接，转到下载页面，再单击

Download Python 3.10.1（本书编写时的版本，读者可根据情况下载当前最新版）按钮即可下载Python的安装包，下载界面如图1-3所示。

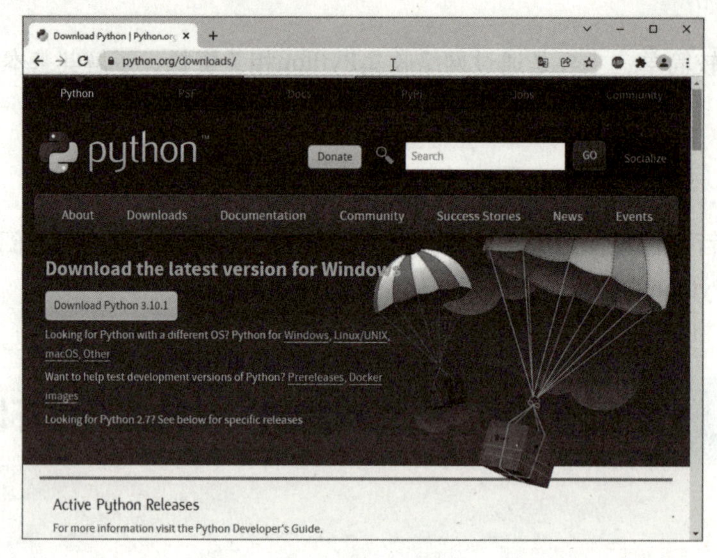

图 1-3　Python 安装包下载界面

下载完成后，运行下载的程序文件python-3.10.1-amd64.exe，进入Python安装界面。为方便后续使用，需要在图1-4所示界面中勾选Add Python 3.10 to PATH复选框，然后选择Install Now进行默认安装。

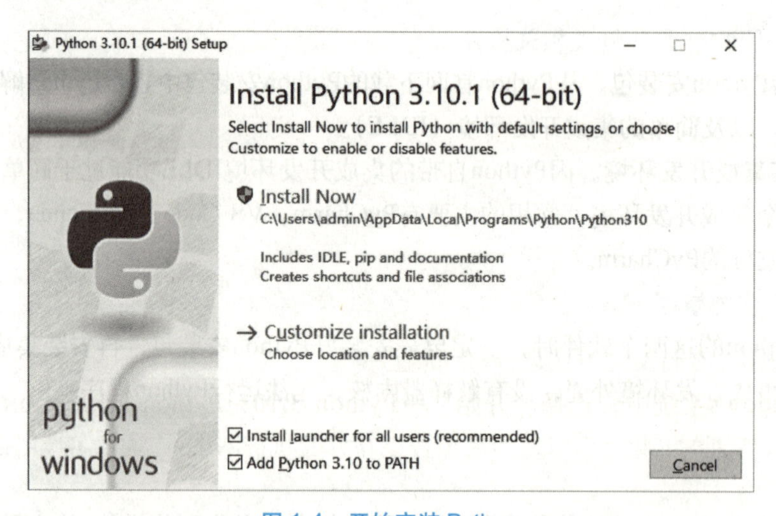

图 1-4　开始安装 Python

如果需要自定义安装，则选择Customize installation。如果选择Install Now进行默认安装，安装过程如图1-5所示。

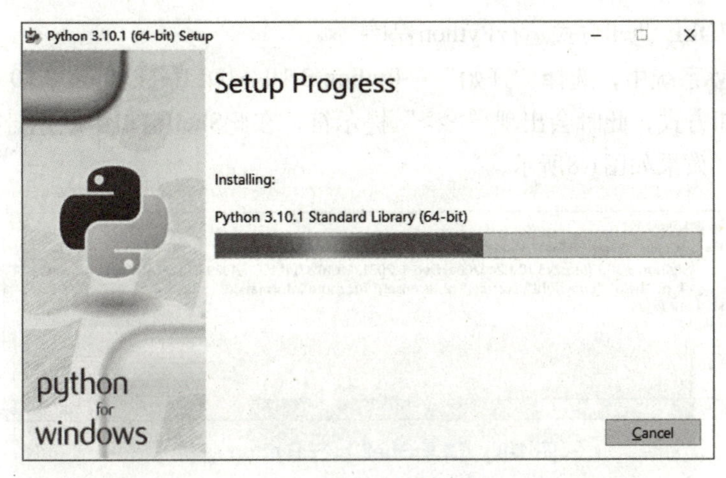

图 1-5　程序安装界面

Python程序安装完成，单击Close按钮完成安装，最终的安装界面如图1-6所示。

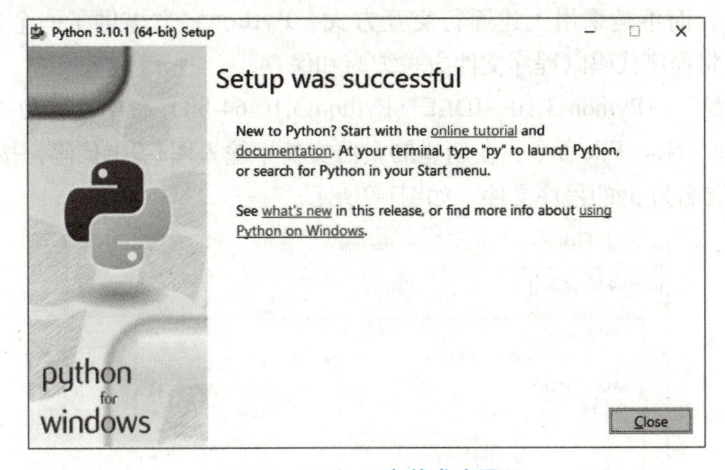

图 1-6　Python 安装成功界面

2．运行Python

Python安装完成后就可以运行，运行方式有多种：

（1）使用命令行交互方式运行Python程序

在Windows系统中，选择“开始”→Python 3.10→Python 3.10(64-bit)命令，进入“>>>”提示符状态，此时可以使用命令行交互方式执行Python语句，例如，输入“1+1”，按【Enter】键后运行得到结果“2”，效果如图1-7所示。

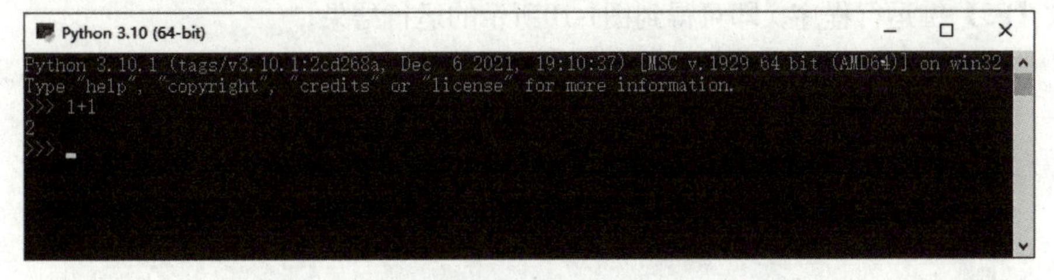

图 1-7　命令行交互方式执行 Python 命令

（2）使用IDLE Shell方式运行Python程序

在Windows系统中，选择“开始”→Python 3.10→IDLE（Python 3.10 64-bit）命令，进入IDLE Shell方式，此时会出现“>>>”提示符，在此Shell窗口中以逐行交互式方式执行Python语句，效果如图1-8所示。

```
IDLE Shell 3.10.1
File Edit Shell Debug Options Window Help
    Python 3.10.1 (tags/v3.10.1:2cd268a, Dec  6 2021, 19:10:37) [MSC v.1929 64 bit (AMD64)] on win32
    Type "help", "copyright", "credits" or "license()" for more information.
>>> 1+1
    2
>>> |
                                                                              Ln: 5  Col: 0
```

图 1-8　IDLE Shell 执行 Python 语句

（3）IDLE中以文件形式编辑运行Python

实际工作中经常需要把Python程序代码编辑完后保存，在需要执行时把程序文件打开并执行，而不是采用上述逐行交互方式。Python官方提供了一个集成开发环境（IDLE），可以将程序代码以程序文件方式编写和保存。

选择“开始”→Python 3.10→IDLE（Python 3.10 64-bit）命令，进入“>>>”提示符状态，选择File→New File命令，在新建的空白文件中输入图1-9中代码，按【Ctrl+S】组合键保存成扩展名为.py的程序文件，如图1-9所示。

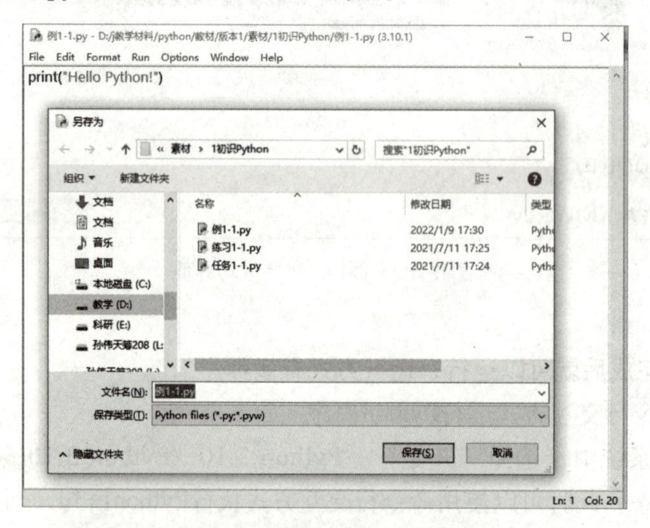

图 1-9　IDLE 中以文件形式编辑和保存 Python 代码

按【F5】键运行程序，即可得到图1-10所示的运行结果。

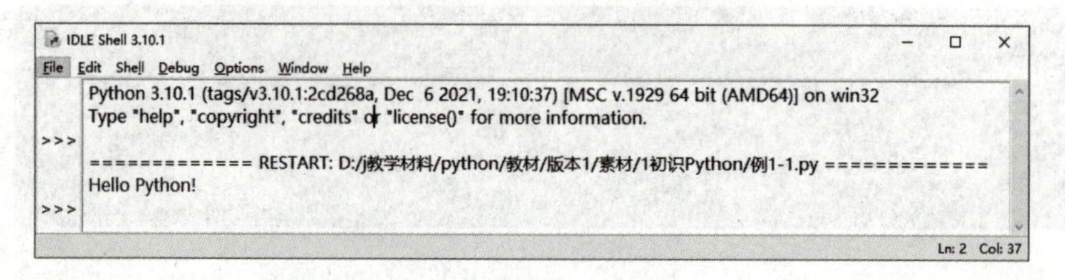

图 1-10　IDLE 以文件形式运行 Python

3．安装第三方集成开发环境PyCharm

为了更加方便地编写Python程序，可以选择功能更强大的第三方集成开发环境，如PyCharm、Anaconda、VS Code等。对于初学者而言，PyCharm安装和使用比较简单，它是由 JetBrains公司打造的一款Python 集成开发环境，具备良好的用户使用体验，调试、语法高亮、项目管理、代码跳转、智能提示、自动完成、单元测试、版本控制等功能非常完备，使用起来十分方便，深受编程爱好者的喜爱。

（1）PyCharm的下载

访问PyCharm官网，单击右上角的文A按钮，在弹出的下拉列表中选择“简体中文”，可将网页界面切换到中文，如图1-11所示。

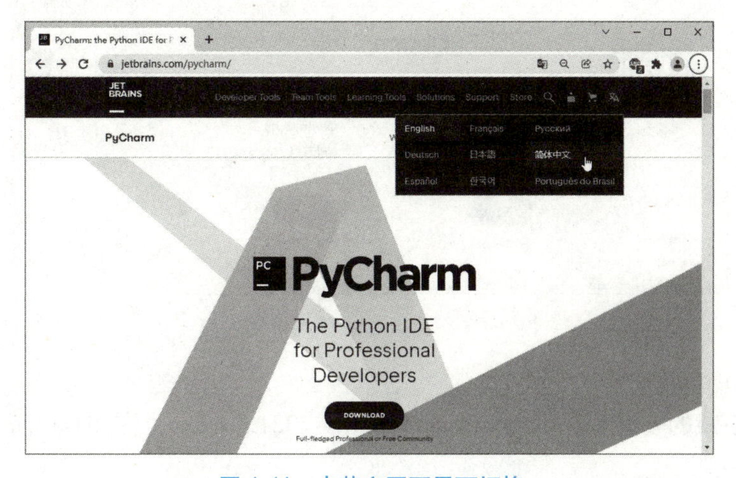

图 1-11　中英文网页界面切换

在图1-12所示界面中，单击页面中的“下载”按钮，转入到下载页面。

图 1-12　中文下载界面

在图1-13所示的界面中，可以看到JetBrains 公司提供了免费社区版（Community）和付费专业版（Professional）的PyCharm。专业版额外增加了一些功能，如项目模板、远程开发、数据库支持等。免费版只提供了一个月的试用期，要想继续使用需要付费。如果是教育网的用户（如高校师生），可以免费获取专业版，国内拥有教育网.edu邮箱的用户可以申请，这对在校师生而言是一项福利。初学者安装免费的社区版已经够用，在此书中下载并安装Community社区版。

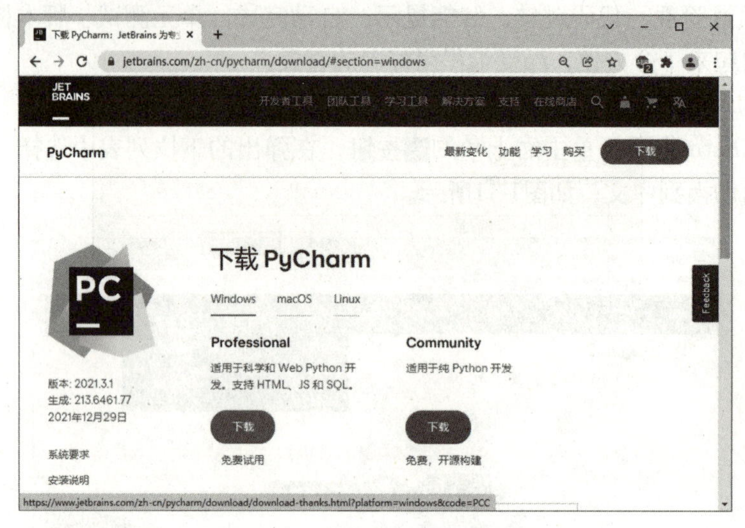

图 1-13　PyCharm 版本选择界面

（2）PyCharm的安装

① 双击下载的安装程序pycharm-community-2021.3.1.exe，在图1-14所示的界面单击Next按钮开始安装。

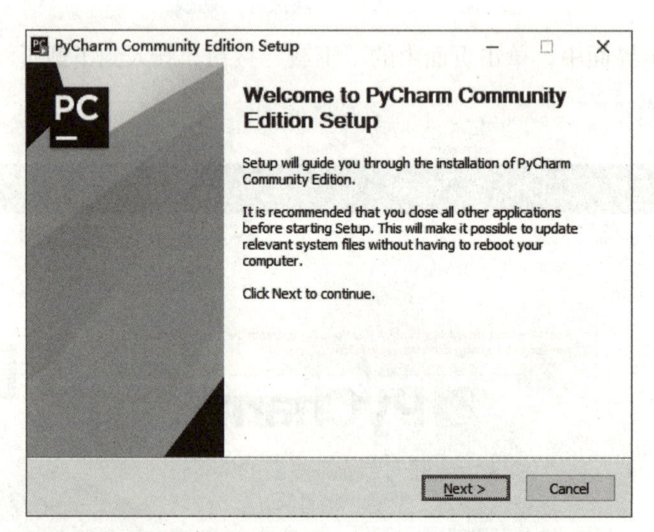

图 1-14　PyCharm 开始安装界面

② 单击Next按钮，在图1-15所示界面中可以修改默认安装位置。

③ 单击Next按钮，进入安装配置界面，选择是否创建桌面快捷方式，如图1-16所示。

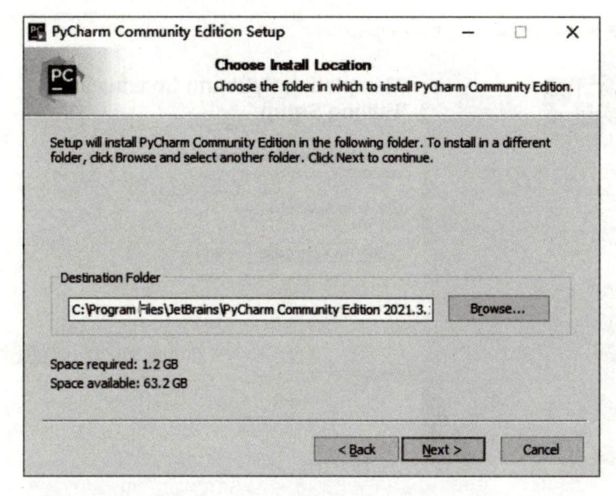

图 1-15　PyCharm 安装——路径选择

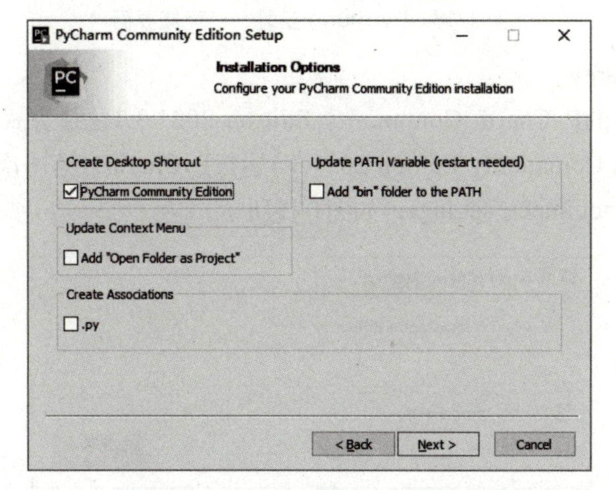

图 1-16　PyCharm 安装——配置界面

④ 单击Next按钮，显示选择开始菜单文件夹界面，如图1-17所示。

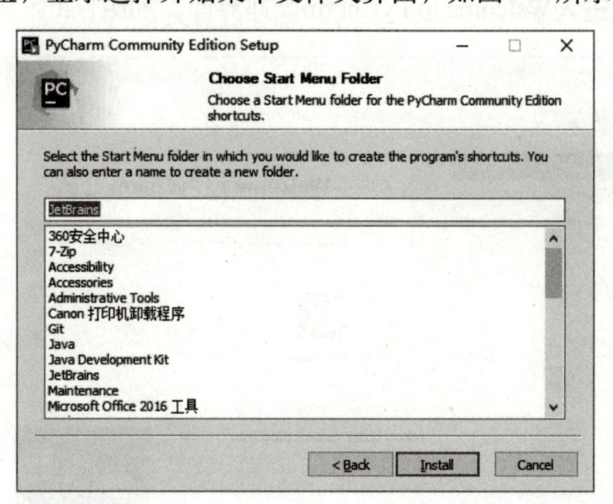

图 1-17　PyCharm 安装——选择开始菜单文件夹

⑤ 单击Next按钮显示安装完成，如图1-18所示。

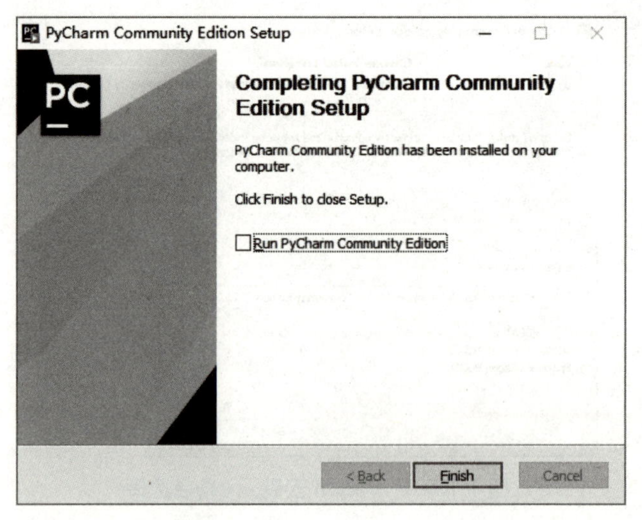

图 1-18　PyCharm 安装——完成界面

（3）启动PyCharm

① 双击桌面上的PyCharm Community Edition 2021.3.1快捷方式或选择“开始”→JetBrains→PyCharm Community Edition 2021.3.1运行PyCharm，第一次运行时会打开导入配置窗口，选择Do not import settings，如图1-19所示。

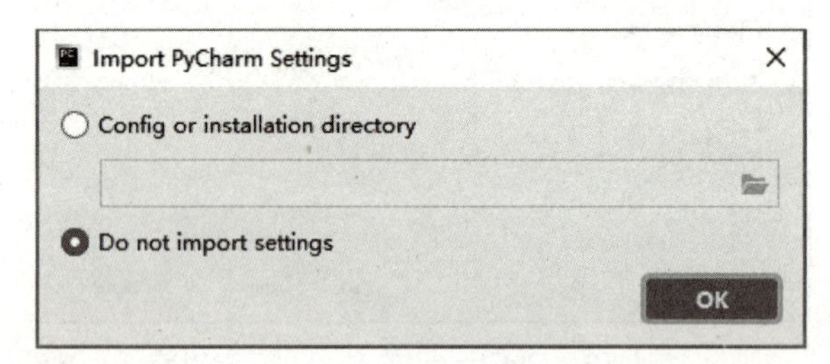

图 1-19　不导入配置的界面

② 单击OK按钮进入Welcome to PyCharm欢迎界面，如图1-20所示。

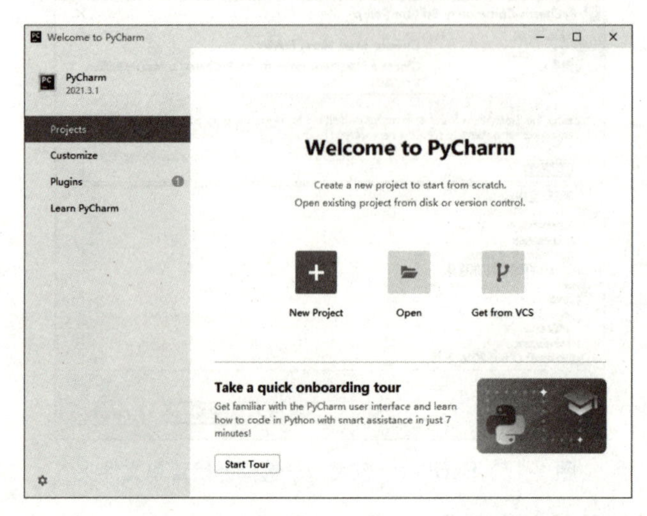

图 1-20　Welcome to PyCharm 欢迎界面

③ 单击New Project按钮新建项目界面，修改默认项目位置（Location）文件夹为C:\pythonProject，新建立项目pythonProject，选择New environment using Virtualenv，如图1-21所示，单击Creat按钮，完成新项目的建立。

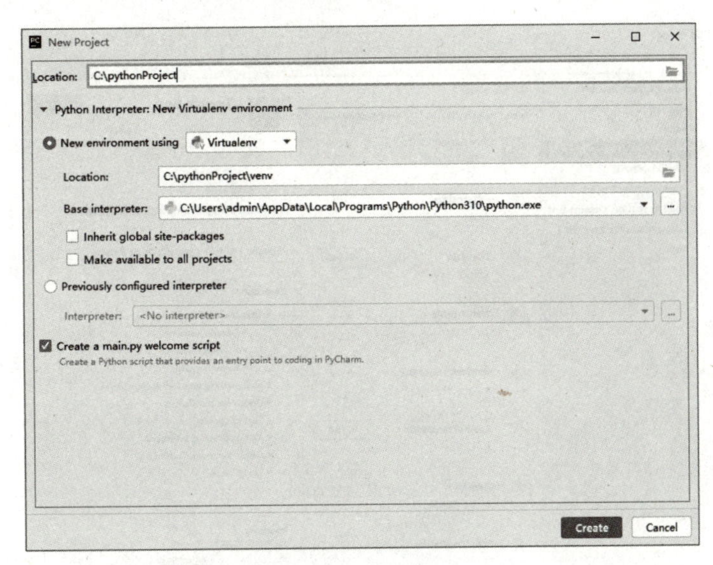

图 1-21　新建项目

（4）配置PyCharm

为更方便地使用PyCharm，可以对其进行一些配置。对于习惯中文的用户，需要安装两个插件。

① 第一个“Chinese”插件可以将PyCharm界面设置为中文，具体操作步骤如下：选择File→Settings命令，进入设置窗口，单击Plugins选项，输入“Chinese”，选择“Chinese(Simplified) Language Pack/中文语言包”，单击Install按钮，如图1-22所示。

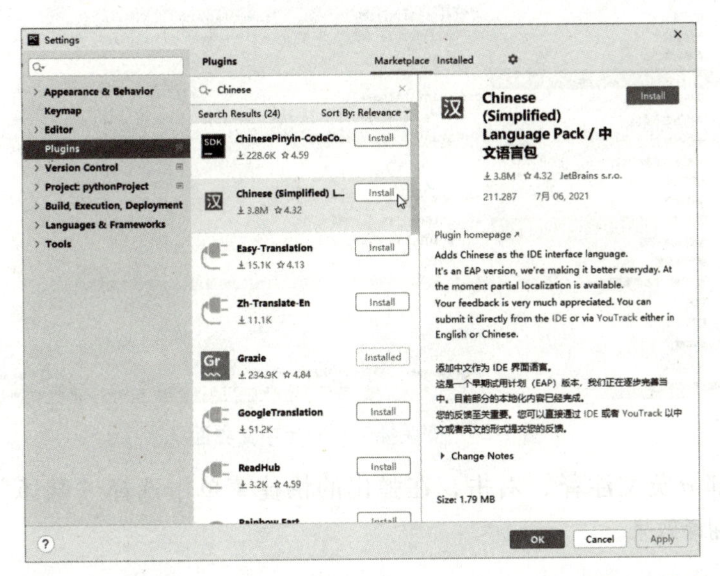

图 1-22　安装插件 Chinese(Simplified) Language Pack/ 中文语言包

② 安装一个翻译插件Translation，可以帮助用户翻译使用PyCharm过程中出现的英文，这对于快速理解英文错误信息、提示信息很有帮助。安装步骤：在Plugins下输入Translation，选择Translation，单击其后的Install按钮即可，如图1-23所示。

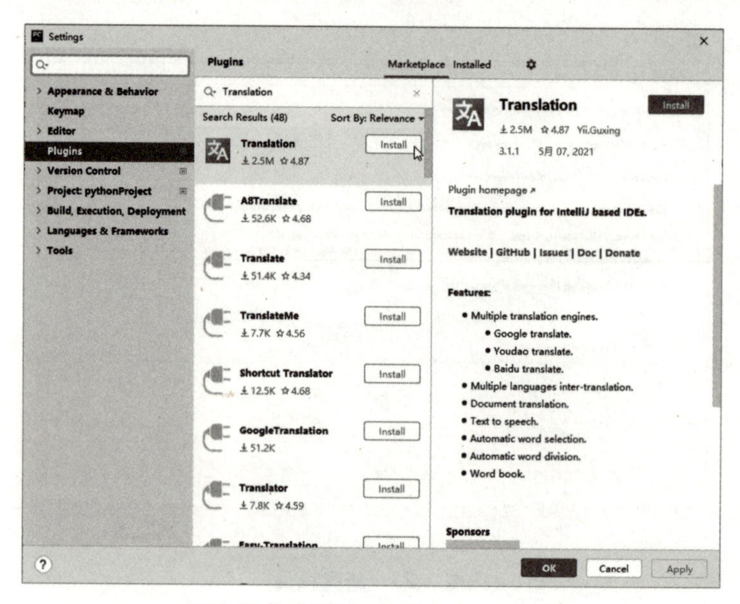

图 1-23 安装翻译插件 Translation

③ 插件“Chinese(Simplified) Language Pack/中文语言包”需要重新启动PyCharm才有效，关闭再重新打开PyCharm，界面已经变为中文，如图1-24所示。

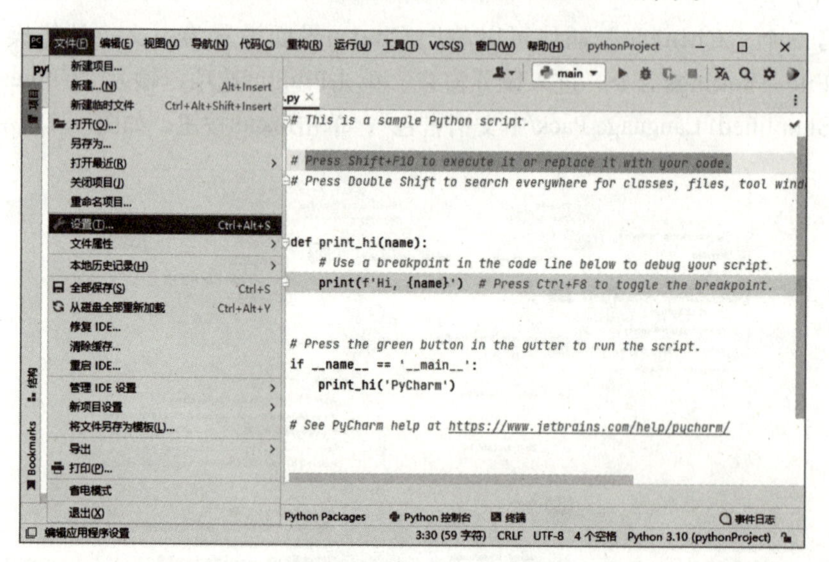

图 1-24 安装插件后显示中文界面

④ 选择部分英文注释，右击，在弹出的快捷菜单中选择“翻译”命令，得到图1-25所示的翻译效果。

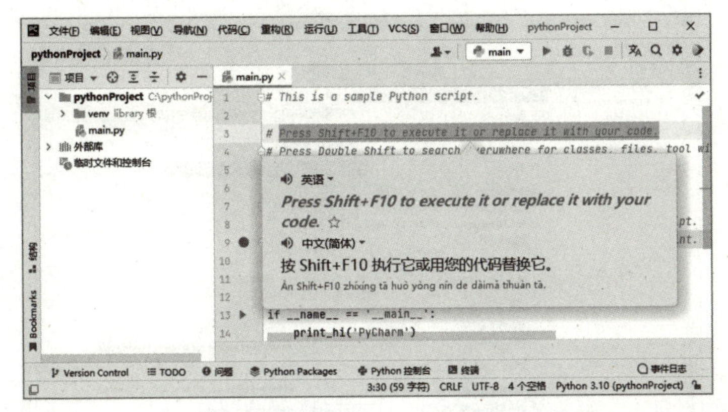

图 1-25　翻译插件 Translation 翻译效果

任务 1.3　小试牛刀——设计“Python 之禅”程序

视 频

小试牛刀——设计“Python之禅”程序

任务目标

“Python之禅”指的是Tim Peters编写的关于Python的编程准则，本任务将设计一个输出Python之禅（部分）的程序，掌握Python程序编写、运行过程以及需要注意的事项。

程序最终输出结果如下：

```
Python之禅

优美胜于丑陋
明了胜于晦涩
简洁胜于复杂
复杂胜于凌乱
扁平胜于嵌套
间隔胜于紧凑
```

知识准备

为方便读者更快地掌握Python程序的编写、运行过程，首先看一个经典示例。

【例1-1】 设计第一个Python程序，输出“Hello Python!”。

① 新建文件：选择“文件”→“新建”→“Python文件”命令，或者右击项目名称pythonProject，在弹出的快捷菜单中选择“新建”→“Python文件”命令（见图1-26），输入文件名“例1-1”即可建立第一个程序“例1-1.py”。

② 在右侧的编辑区输入代码，如图1-27所示。

```
print("Hello Python!")
```

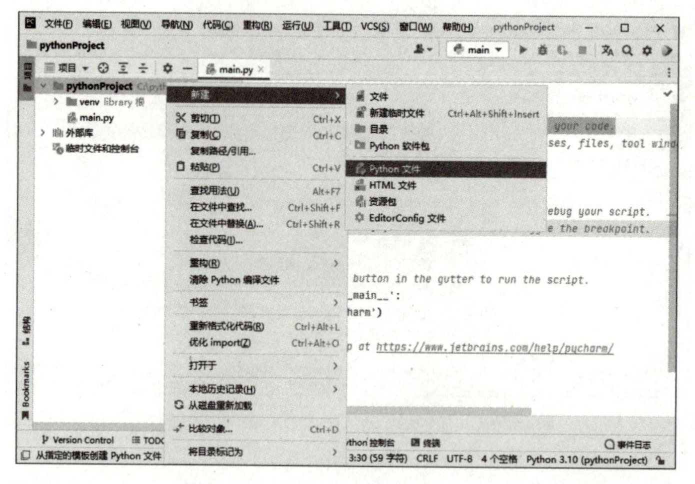

图 1-26 新建立 Python 程序文件

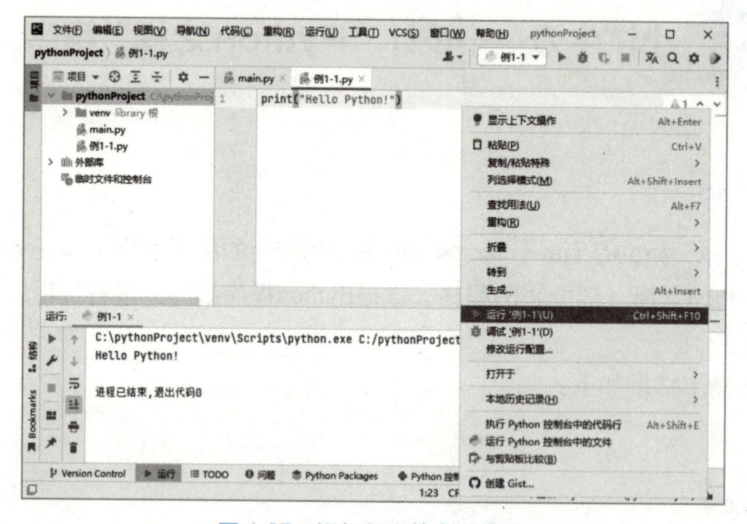

图 1-27 运行程序并查看结果

第一次运行程序时，右击代码空白处，在弹出的快捷菜单中选择“运行例1-1”，就可在下方的运行窗口中看到程序输出的结果：

```
Hello Python!
```

注意：

① 本例中，print的作用是把内容输出到“运行”窗口中，这是一个系统内置的输出函数，在此只输出一串字符。

② 注意其中的字符全部是英文字符，特别是引号和括号，Python中不区分单引号和双引号，用哪个都可以。

③ 一般输入程序后，按【Ctrl+Alt+L】组合键可以让代码自动调整格式，以符合Python排版规范。

④ Python对大小写字母敏感，如输入大写字母S和小写字母s是不同的两个字母。

⑤ 注意Python使用“#”注释代码，“#”后的内容是对程序的注释，仅为方便理解

代码，不参与执行。

⑥ 第一次运行程序时，右击代码区域的空白处，选择“运行***”命令即可运行程序，当对程序修改后需要再次运行时，可以直接单击界面上的 ▶ 按钮或按【Shift+F10】组合键。

任务分析

本任务功能比较简单，通过反复使用输出语句print即可完成，需要注意语法格式。

任务实施

新建Python文件“任务1-1.py”，输入以下代码：

```
print("Python之禅")
print()                              #输出一个空行
print("优美胜于丑陋")
print("明了胜于晦涩")
print("简洁胜于复杂")
print("复杂胜于凌乱")
print("扁平胜于嵌套")
print("间隔胜于紧凑")
```

每条print()语句输出一行文字，输出后默认再输出一个回车，其中第二行print()的作用是输出一个回车。

运行程序即可完成任务1.3。

注意：

输出英文版Python之禅的代码非常简单，输出下面一行语句即可：

```
import this
```

输出结果：

```
The Zen of Python, by Tim Peters

Beautiful is better than ugly.
Explicit is better than implicit.
Simple is better than complex.
Complex is better than complicated.
Flat is better than nested.
Sparse is better than dense.
Readability counts.
Special cases aren’t special enough to break the rules.
Although practicality beats purity.
Errors should never pass silently.
Unless explicitly silenced.
In the face of ambiguity, refuse the temptation to guess.
There should be one-- and preferably only one --obvious way to do it.
Although that way may not be obvious at first unless you’re Dutch.
Now is better than never.
Although never is often better than *right* now.
If the implementation is hard to explain, it’s a bad idea.
```

```
If the implementation is easy to explain, it may be a good idea.
Namespaces are one honking great idea -- let's do more of those!
```

Python中有许多常用的函数或类以模块形式存放，当需要使用时，可以使用import方式将该模块导入，如上例中导入this模块，后面的内容中还会导入其他常用的模块，导入后可以使用模块内的函数。例如：

```
import math                                 #导入数学模块
import random                               #导入随机数模块
x=math.sqrt(2)                              #调用数学模块中的sqrt()函数
print(x)
y=random.randint(0, 10)                     #调用随机数模块中的random()函数
print(y)
```

有兴趣的读者可以阅读一下Python之禅，加深对Python编程哲学的理解。

单元小结

本单元主要是了解Python语言的特点，掌握如何编辑和运行Python程序，读者可以尝试编写一些小的程序，并查看PyCharm的使用方法，提高编程效率。

课后练习

1. 讨论 Python 语言的优缺点。
2. 编程为 Python 设计一个简单介绍。

```
**********************************
名称：Python
作者：Guido van Rossum
口号：人生苦短，我用Python!
**********************************
```

3. 使用 print 语句输出如下图形。

```
    * *         * *
  *     *     *     *
 *        * *        *
 *         *         *
  * I LOVE Python *
    *             *
      *         *
         *   *
           *
```

第2单元

Python语法基础

知识目标

- 了解常量、变量、数据类型的基本概念。
- 熟悉注释语句、顺序结构语句的使用。
- 熟悉输入与输出语句的定义格式。

能力目标

- 能够根据要求定义各种类型的变量。
- 能够运用顺序结构定义输入、输出语句。
- 能够熟练使用运算符和表达式。
- 能够在程序语句中加入适当的注释语句，提高程序的可读性。

一个婴儿要想长大成人，必须要经历学语、爬行、走路等阶段，学习Python编程，就需要从语言基础开始。本单元将学习Python的基础知识，包括变量、数据类型、运算符、表达式、输入与输出，通过Python语句实现编程者解决问题的思路。

任务 2.1 求圆的面积——基本数据类型使用

视频

求圆的面积——基本数据类型使用

任务目标

本任务的目标是编写一个程序，能够根据设置的圆半径r以及圆周率π实现求解圆面积的功能。

知识准备

1. 常量

在程序运行过程中，有些数据值始终保持不变，这种数据称为常量，常量根据值的形式分为整型常量、实型常量、字符型常量，常量名通常全部用大写字母表示，并用下画线连接各个单词，如常量圆周率用PI表示。

2. 变量

变量可以理解为名字或标签，在程序中创建变量时会在内存中开辟一个空间，根据变量的数据类型，解释器会分配相应内存空间，并决定什么数据可以被存储在内存中。根据实际需要，变量可以指定不同的数据类型，这些变量可以存储整数、浮点数、字符数据等。

变量的命名要使用合法的标识符，具体要求如下：

① 变量必须由字母（支持中文等UTF-8字符）、数字或者下画线组成。

② 不能用数字开头，并且对大小写敏感。

③ 变量命名时，不能使用Python保留关键字作为命名标识符，如 and、as、assert、break、class、continue、def、del等，同时，慎用字符l以及大写字母O，应该选择有意义的单词或者单词组合作为变量名。

Python中常用关键词如下：False, None, True, and, as, assert, break, class, continue, def, del, elif, else, except, finally, for, from, global, if, import, in, is, lambda, nonlocal, not, or, pass, raise, return, try, while, with, yield。

例如，abc、a_b_c、Student_ID都是合法的标识符，sum、Sum、SUM代表不同的标识符。

注意： 单独的下画线“_”代表交互式会话（>>>提示符中）上一条执行的语句的结果，有时程序设计中想定义一个临时性的变量，但不想起名，在后面也不会再次用到该变量，此时可以用“_”来充当这个无名的变量。

3. 变量赋值

Python 中的变量赋值不需要类型声明，每个变量在内存中创建，都包括变量的标识、名称和数据这些信息，变量在使用前必须赋值，变量赋值以后该变量才会被真正创建。

（1）单变量赋值

变量赋值语法格式如下：

```
变量名 = 表达式
```

赋值运算符“=”左边是一个变量名，右边是一个表达式，赋值的意义是把赋值运算符“=”右边表达式的值传递给左边的变量。赋值后如果要查看变量的值，则直接在print()中输出变量名即可，代码如下：

```
id=1
name='张三'
```

```
print(id)
print(name)
```

程序运行结果：

```
1
张三
```

(2) 多变量赋值

Python中，可以使用多种方式对变量赋值，其中有些赋值方式可以同时为多个变量赋值，如链式赋值、同步赋值。

① 链接赋值格式如下：

```
变量1= 变量2=…变量n= 值
```

例如：

```
num1=num2=num3=6
```

等价于：

```
num1=6
num2=6
num3=6
```

第一行创建了一个整型对象，值为6，3个变量被分配到相同的内存空间。

② 同步赋值的格式如下：

```
变量1, 变量2,…, 变量n= 值1, 值2,…, 值n
```

例如：

```
num4,num5,name=3,5.6,'Mary'
```

创建一个整型对象3分配给变量num4，一个浮点型对象5.6分配给变量num5，一个字符串对象'Mary'分配给变量 name。

使用同步赋值可以很方便地实现两个变量交换值：

```
a,b=3,4                        #同步赋值a=3、b=4
a,b=b,a                        #交换a、b的值
print(a,b)                     #输出交换后的a、b值
```

使用a,b=b,a可以避免其他程序设计语言中需要引用一个临时变量才能实现交换两个变量值的问题，体现了Python语法的简洁。

4. 数据类型

内存中存储的数据可以有多种类型，例如，姓名可以用字符型存储，年龄可以用整型存储，体重可以用浮点型存储。Python语言的基本数据类型包括整型、浮点型、字符串、布尔型和空值，使用type()函数获取某值的类型。

(1) 整型

整型的取值为整数，有正有负，如2、-666、666等，代码如下：

```
a=10
b=-999
c=666
print(type(a))
print(type(b))
print(type(c))
```

程序运行结果：

```
<class 'int'>
<class 'int'>
<class 'int'>
```

(2) 浮点型

用于存储一个实数，如3.14、-6.66等，如果是非常大或者非常小的浮点数，可以使用科学计数法表示，用e代替10，如9.8e5。Python 3.x默认提供17位有效数字的精度，注意当遇到无限小数时会存在损失精度的问题。

(3) 字符串

字符串是指用两个引号（单引号、双引号、三引号）包裹起来的文本，例如，字符串 hw包括H、e、l、l、o、空格、W、o、r、l、d、! 这12个字符，字符串Py包括P、y、t、h、o、n，代码如下：

```
py="python"
hw='Hello World!'
print(py)
print(hw)
```

程序运行结果：

```
python
Hello World!
```

转义字符：字符串里存在一些如换行、制表符等有特殊含义的字符，这些字符称为转义字符，例如，\n 表示换行，\t 表示制表符，Python还允许使用r''字符串''或R''字符串''的方式表示原义字符串，字符串前大写R与小写r用法一样，引号内部的字符串默认不转义，保持原样输出。常用的转义字符如表2-1所示。

表 2-1 常用的转义字符

转义字符	描述	转义字符	描述
\（在行尾时）	续行符	\000	空
\\	反斜杠符号	\n	换行
\'	单引号	\v	纵向制表符
\"	双引号	\t	横向制表符
\b	退格	\r	回车

转义符的使用如下：

```
print("I love Python!")
print("I love \tPython!")
print("I love \nPython!")
print("I love \"Python!\"")
print(r"I love \nPython!")
```

程序运行结果：

```
I love Python!
I love Python!
I love
Python!
I love "Python!"
I love \nPython!
```

（4）布尔型

布尔型用于描述逻辑判断的结果，只有 True 和 False 两种值，分别代表逻辑真和逻辑假。比较运算和条件表达式都会产生 True 或 False。

```
i=3
print("i equals 3",i==3)
print("i is greater than 3",i>3)
print("i is less than 3",i<3)
```

程序运行结果：

```
i equals 3 True
i is greater than 3 False
i is less than 3 False
```

（5）空值

Python中用None表示一个空对象或者一个特殊的空值。

```
n=None
print(n,type(n))
```

程序运行结果：

```
None <class 'NoneType'>
```

不同数据类型可以进行相互转换，int()、float()、str() 和bool() 分别用于将变量转换成整型、浮点型、字符串和布尔型变量，转换示例代码如下：

```
i=666
print(type(i))
print(type(float(i)),float(i))
print(type(str(i)),str(i))
print(type(bool(i)),bool(i))
```

程序运行结果：

```
<class 'int'>
```

```
<class 'float'> 666.0
<class 'str'> 666
<class 'bool'> True
```

注意：不是所有数据类型都可以相互转换，某些变量无法转换成数值型变量，强行转换时会报错。

当变量值为0、0.0、空字符串''或None时，转换成bool类型的结果才为False，示例代码如下：

```
print(bool('abc'))
print(bool(10))
print(bool(0))
print(bool(0.0))
print(bool(''))
print(bool(None))
```

程序运行结果：

```
True
True
False
False
False
False
```

除了使用 type() 外，还可以使用 isinstance() 来获得数据类型。

```
print(isinstance('2',str))
print(isinstance(2,int))
```

程序运行结果：

```
True
True
```

5. 注释

在程序中，注释就是对代码的解释和说明。如同超市中物品标签一样，注释可以方便软件开发人员了解程序的功能，增加代码易读性。在程序执行过程中，代码将被Python解释器忽略，不会在执行结果中体现。在Python语言中，注释分为单行注释和多行注释，单行注释使用“#”表示，多行注释使用3个连续单个引号或者双引号表示。

(1) 单行注释

使用“#”作为单行注释的符号，从符号“#”开始到换行符之间的内容为注释内容，将被解释器忽略。单行注释的语法格式如下：

```
# 注释内容
```

示例：输入企业名称和企业地址时加上注释语句。

```
# 输入企业名称
cusName=input("请输入企业名称：")
```

```
cusAddress=input("请输入企业地址：")                    #输入企业地址
```

注释语句既可以单独一行，也可以放在要注释代码的右侧。

(2) 多行注释

多行注释通常用来为函数、模块、文件添加功能、修改日志、版权等信息的说明。多行注释使用3个单引号或者3个双引号将注释语句括起来。

3个单引号方式，语法格式如下：

```
'''
第一行注释
第二行注释
…
'''
```

3个双引号方式，语法格式如下：

```
"""
第一行注释
第二行注释
…
"""
```

【例2-1】 创建多行注释。

创建方法如下：

```
"""
@版权所有：本公司所有
@文件名：test.py
@功能描述：用户登录
@创建者：张三
@创建时间：2022.1.8
…
"""
```

【例2-2】 定义3个变量name、age、height，分别表示姓名、年龄、身高，并为其分别赋值字符型、整型、浮点型数据。

新建程序文件“例2-2.py”，输入如下程序代码：

```
name='Mary'                              #赋值字符型变量
age=23                                   #赋值整型变量
height=178.5                             #赋值浮点型变量
print(name)
print(age)
print(height)
```

程序运行结果：

```
Mary
23
178.5
```

任务分析

要解决任务2.1求圆的面积的功能，需要从以下几方面进行分析：

圆的面积常用S表示，其计算公式是$S=\pi r^2$，编写程序时涉及一个表示半径的变量r和一个常量圆周率π。

任务实施

新建Python程序文件“任务2-1.py”，根据任务2.1的需求，需要定义两个变量r1和r2，表示两个圆的半径，取值分别为5和8，用变量s1和s2表示圆的面积，根据圆周率计算圆的面积，定义常量PI表示圆周率，并赋值3.14。

任务2.1的程序代码如下：

```
r1=5
r2=8
PI=3.14
s1=PI*r1*r1
s2=PI*r2*r2
print("圆1的面积是：",s1)
print("圆2的面积是：",s2)
```

程序运行结果：

```
圆1的面积是：78.5
圆2的面积是：200.96
```

任务 2.2 模拟简单计算器——运算符和表达式

视 频

模拟简单计算机—运算符和表达式

任务目标

日常工作学习中，经常会对各种数据进行简单的计算，输入两个运算数以及运算符号即可完成相应的运算，本任务将简单模拟计算器中的加、减、乘、除运算。

知识准备

运算符是一种特殊的符号，主要用于数值计算、大小比较以及逻辑运算等。Python的运算符主要包括算术运算符、赋值运算符、比较运算符、逻辑运算符和位运算符。运算符将不同类型的数据按照一定的规则组合起来生成表达式。

1. 算术运算符

数学四则运算中的一些运算符，如加、减、乘、除，其对应的符号分别是+、-、*、/，此外还有求余数的“%”等，都是算术运算符，具体如表2-2所示。

表 2-2　算数运算符

运 算 符	描　述	示　例	运 算 结 果
+	加	9+3	12
-	减	9-3	6
*	乘	9*3	27
/	除	9/3	3
%	取模	9%3	0
**	幂	9**3	729
//	取整除	9//2	4

注意：

① 使用%取模时，如果除数是负数，那么取得的结果也是一个负值；使用除法（/或//）运算符和取模运算符时，除数不能为 0，否则将出现异常。

② 字符串*正整数*n*表示该字符串重复出现*n*遍，如"ab"*2表示"abab"。

2．比较运算符

比较运算符也称关系运算符，用于对变量或表达式的结果进行大小、真假等比较。如果比较结果为真，则返回True；如果为假，则返回 False。任何两个同一类型的量都可以进行比较，如两个数字可以比较，两个字符串也可以比较。

常用的比较运算符如表2-3所示。

表 2-3　比较运算符

运 算 符	描　述	示　例	运 算 结 果
==	等于	10==20	False
!=	不等于	10!=20	True
>	大于	6>3	True
>=	大于等于	6>=6	True
<	小于	7<5	False
<=	小于等于	7<=9	True

除了数字之间可以比较之外，还可以对字符串进行比较。字符串中的比较是按照英文字典顺序依次进行比较的，在如下代码中，w大于h（在字典中，w排在h的后面），就返回结果False。

```
a="hello"
b="world"
print("a>b",a>b)
```

程序运行结果：

```
a>b False
```

3. 逻辑运算符

逻辑运算符是对两种布尔值进行运算，运算后的结果仍是一个布尔值。

常用的逻辑运算符如表2-4所示。

表 2-4　逻辑运算符

运 算 符	描　　述	示　　例	运 算 结 果
and	逻辑与	6>2 and 7<5	False
or	逻辑或	6>2 or 7<5	True
not	逻辑非	not(6>2)	False

4. 赋值运算符

赋值运算符主要用来为变量等赋值，常用的赋值运算符如表2-5所示。

表 2-5　赋值运算符

运 算 符	描　　述	示　　例	展 开 形 式
=	简单的赋值运算	x=y	x=y
+=	加法赋值	x+=y	x=x+y
-=	减法赋值	x-=y	x=x-y
*=	乘法赋值	x*=y	x=x*y
/=	除法赋值	x/=y	x=x/y
%=	取模赋值	x%=y	x=x%y
**=	幂赋值	x**=y	x=x**y
//=	整除赋值	x//=y	x=x//y

任务分析

要实现任务2.2中的简单计算器功能，需要从以下几方面进行分析：定义两个变量，存储数值型数据，作为运算数，定义存储运算结果的数值型变量，根据运算符号对两个数值型变量进行运算。

任务实施

定义两个变量x与y，分别用来存储两个运算数，分别计算x与y之间的加、减、乘、除、取模、幂、整除运算。新建程序文件“任务2-2.py”，输入的程序代码如下：

```
x=20
y=3
print(x+y)
print(x-y)
print(x*y)
print(x/y)
print(x%y)
print(x**y)
print(x//y)
```

程序运行结果：

```
23
17
60
6.666666666666667
2
8000
6
```

任务 2.3　输出购物清单——输入与输出格式

视 频

购物清单—输入与输出格式

任务目标

输入所购买商品的重量，根据已知的商品单价，计算并输出所购买商品的购物清单，要求实现类似超市购物票据的对齐效果。

知识准备

一个程序通常都有输入和输出，只有这样，用户才可以与计算机进行交互，Python程序可以从键盘读取数据，也可以从文件读取数据，程序运行后可以将结果输出到屏幕上，也可以输出到文件中。

1. 输入方式

Python提供了input()内置函数从标准输入读入一行文本数据，默认的标准输入是键盘。

语法格式如下：

```
str=input([ 提示字符串 ])
```

input输入的内容默认是字符串类型，如果需要转换成其他的类型，只需要在input前加上相应的转换函数即可，如将输入内容转换成整数：

```
age=int(input([ 提示字符串 ]))   # 输入的内容转换成整数
```

eval()函数会将输入字符串当成有效的表达式来求值并返回计算结果，经常使用eval()函数将输入字符串转换成相应的类型。

【例2-3】输入学生姓名、年龄、成绩。

程序代码如下：

```
name=input("输入姓名：")
age=int(input("输入年龄："))                #输入的内容转换成整数
score=eval(input("成绩："))                 #eval()函数计算输入表达式的值
print(name,age,score)
```

程序运行结果：

```
输入姓名：Tom
```

```
输入年龄：18
成绩：88.5
Tom 18 88.5
```

2．输出方式

Python有两种输出值的方式：表达式语句和print()函数。

（1）表达式语句

在交互方式下，可以直接使用或结合repr()、str()函数输出表达式。

```
>>>s='Hello Python'
>>>str(s)
>>>n=999
>>>str(n/9)
>>>h='Hello World!'
>>>repr(h)
```

（2）输出函数print()

在Python中常用print()函数输出内容，其语法如下：

```
print(value, sep=' ', end='\n', file=sys.stdout, flush=False)
```

主要介绍常用的3个参数：

① value：表示输出的对象。输出多个对象时，需要用逗号分隔。

② sep：用来间隔多个对象，默认值是一个空格。

③ end：用来设置行尾结束符，默认是换行符 \n，可以换成其他字符串。

其他两个参数暂时略过不讲。

在以下代码中可以体会这3个参数的使用方法：

```
print('hello','world',sep='-',end='!')
print('Welcome to','Python',sep='-'*3)
```

输出如下结果：

```
hello-world!Welcome to---Python
```

输出各项之间的分隔符由默认空格换成“-”。第一行print语句的end表示行尾结束符由默认换行符“\n”换成“!”，第二行的内容会接着第一行行尾“!”后输出。

（3）格式化运算符%

在很多应用中，都需要将数据按照一定的格式输出，就是格式化输出。格式化输出分为很多种，其中常见的有3种方式，分别是格式化运算符%、字符串format方法以及f-string，亦称为格式化字符串常量。

语法格式如下：

```
格式字符串%(输出项1,输出项2,…,输出项n)
```

类似的格式说明符还有很多，如表2-6所示。

表 2-6　常用格式说明符

说明符	结　果	说明符	结　果
%%	百分号	%x 或 %X	带符号整数（十六进制）
%c	字符	%e 或 %E	浮点数（科学计数法）
%s	字符串	%f 或 %F	浮点数（用小数点符号）
%d	带符号整数（十进制）	%g 或 %G	浮点数（根据值的大小采用 %e、%f 或 %E、%F）
%o	带符号整数（八进制）		

【例2-4】通过%输出数据。

程序代码如下：

```
# 整型
number_var=20
print("八进制整数：%o" % number_var)          #24
print("十进制整数：%d" % number_var)          #20
print("十六进制整数：%x" % number_var)        #14
# 浮点型
float_var=520.131415926
print("浮点数输出（默认保留小数点后六位有效数字）：%f" % float_var)  #520.131416
print("浮点数输出，保留 3 位有效数字：%.3f" % float_var)        #520.131
print()
print("科学计数法输出（默认保留小数点后六位有效数字）：%e" % float_var)  #5.201314e+02
print("科学计数法输出，保留 3 位有效数字：%.3e" % float_var)  #5.201e+02
print()
print("在保证六位有效数字的前提下，使用小数方式，否则使用科学计数法：%g"% float_var)
print("保留3位有效数字，使用小数或科学计数法：%.3g"% float_var)
# 字符串
string_var="abc"
print("字符串输出：%s"% string_var)   # abc
print("字符串输出，右对齐，占位符 10 位：%10s"% string_var)  #abc
print("字符串输出，左对齐，占位符 10 位：%-10s"% string_var) #abc
print("字符串输出，截取2位字符串：%.2s"% string_var)        #ab
# 输出内容对齐
print('%-10s |%10s|' % ('hello','world'))          #-表示左对齐，反之为右对齐，占10个字符
```

程序运行结果：

```
八进制整数：24
十进制整数：20
十六进制整数：14
浮点数输出（默认保留小数点后六位有效数字）：520.131416
浮点数输出，保留3位有效数字：520.131
科学计数法输出（默认保留小数点后六位有效数字）：5.201314e+02
科学计数法输出，保留 3 位有效数字：5.201e+02

在保证六位有效数字的前提下，使用小数方式，否则使用科学计数法：520.131
保留 3 位有效数字，使用小数或科学计数法：520
字符串输出：abc
字符串输出，右对齐，占位符 10 位：       abc
```

```
字符串输出，左对齐，占位符 10 位：abc
字符串输出，截取 2 位字符串：ab
hello      |      world|
```

（3）字符串format()方法

语法格式如下：

```
格式字符串 .format(输出项 1，输出项 2，…，输出项 n)
```

【例2-5】通过format输出数据。

程序代码如下：

```
# 位置匹配
print("不带编号：{} {}".format('hello','world'))                #hello world
print("带编号：{0} {1}".format('hello','world'))                #hello world
print("带编号，且调换顺序:{0}{1}{0}" .format('hello','world'))    #hello world hello
print("带关键字:{a}{b}".format(a='hello',b='world'))             #hello world

# 格式转换
print("二进制数：{:b}".format(2))                                #10
print("八进制数：{:o}".format(8))                                #10
print("十进制数：{:d}".format(10))                               #10
print("十六进制数：{:x}".format(16))                             #10

print("幂运算：{:e}，(用科学计数法打印数字)".format(10))          #1.000000e+01
print("一般格式：{:g}，(当数值特别大的时候，用幂形式打印)".format(123)) #123
print("数字：{:n}，(当值为整数时和'd'相同，值为浮点数时和'g'相同)".format (10.11))
                                                                 #10.11
print("字符：{:c}，(在打印之前将整数转换成对应的 Unicode 字符串)".form at(2))
print("百分数：{:%}".format(1))                                  #100.000000%

# 输出内容对齐：'{:<10}：左对齐'，'{:>10}：右对齐'，'{:^10}：居中对齐'，占位符：10个字符
print('左对齐：{:<10}|{:<10}|'.format('hello','world'))   #"|"仅为了观察方
                                                          #便，可不写
print('右对齐：{:>10}|{:>10}|'.format('hello','world'))
print('居中对：{:^10}|{:^10}|'.format('hello','world'))
```

程序运行结果：

```
不带编号：hello world
带编号：hello world
带编号，且调换顺序：hello world hello
带关键字：hello world
二进制数：10
八进制数：10
十进制数：10
十六进制数：10
幂运算：1.000000e+01，(用科学计数法打印数字)
一般格式：123，(当数值特别大的时候，用幂形式打印)
数字：10.11，(当值为整数时和'd'相同，值为浮点数时和'g'相同)
字符：，(在打印之前将整数转换成对应的 Unicode 字符串)
```

```
百分数：100.000000%
左对齐：hello     |world     |
右对齐：     hello|     world|
居中对：  hello   |  world   |
```

（4）f-string方法

这是Python 3.6之后才增加的新型输出方式，是一种更快、更易读、更简明且不易出错的格式化字符串方式。

f-string目的是使格式化字符串的操作更加简便。f-string在形式上是以 f 或 F 修饰符引领的字符串（f'xxx' 或 F'xxx'），以大括号{}标明被替换的字段，f-string在本质上并不是字符串常量，而是一个在运行时运算求值的表达式。

【例2-6】输出学生姓名、年龄及工资等信息，工资保留两位小数。

程序代码如下：

```
name="张三"
age=18
salary=6543.21
print(f"我叫{name}, 今年 {age} 岁")
print(f"我的工资是：{salary:.2f}元")
```

程序运行结果：

```
我叫 张三,今年 18 岁
我的工资是：6543.21元
```

（5）对齐相关的方法

print输出内容时经常需要处理对齐问题，Python提供了几个常用的方法：

① ljust()：字符串左对齐。

② rjust()：字符串右对齐。

③ center()：字符串居中。

这3个方法都有两个参数：第一个是表示字符串长度的参数n；第二个是可选的参数填充字符char，默认为空格。当返回结果很长，但有效数据只占其中一部分时，用空格填充至指定长度的新字符串。如果指定的长度小于原字符串的长度则返回原字符串。

3个对齐方法用法大致相似，仅仅是对齐效果不同，以rjust为例：

```
s="abc"
print(s.rjust(10,'*'))
```

结果为：

```
*******abc
```

表示字符串返回一个原字符串右对齐、并使用“*”填充至长度为10的新字符串。

注意：如果指定的长度 n 小于字符串 s 的长度则返回原字符串 s。

任务分析

要实现任务2.3中的购物清单功能，需要从以下几方面进行分析：数据输入与输出可以分别通过input()和print()函数组合完成输入与计算，为保证输出效果，要使用对齐方式细心调整格式。

任务实施

通过print()函数，输出超市购物清单，要求数据对齐。程序代码如下：

```
# 购物清单
name1="苹果"
price1=5
num1=eval(input(f"请输入购买{name1}重量："))
name2="香蕉"
price2=3
num2=eval(input(f"请输入购买{name2}重量："))
name3="西瓜"
price3=4
num3=eval(input(f"请输入购买{name3}重量："))
subtotal1=price1*num1 #苹果小计
subtotal2=price2*num2 #香蕉小计
subtotal3=price3*num3 #西瓜小计
total=subtotal1+subtotal2 + subtotal3      #总计
print('{0:<8}\t{1:<8}\t{2:<8}\t{3:<8}'.format('商品名称','单价(元)','质量(kg)','小计(元)'))
print('-' * 50)
print('{0:<8}\t{1:<8}\t{2:<8}\t{3:<8.2f}'.format(name1, price1, num1, subtotal1))
print('{0:<8}\t{1:<8}\t{2:<8}\t{3:<8.2f}'.format(name2, price2, num2, subtotal2))
print('{0:<8}\t{1:<8}\t{2:<8}\t{3:<8.2f}'.format(name3, price3, num3, subtotal3))
print('-' * 50)
print('总价：{0:<.2f}元'.format(total).rjust(45))
```

运行代码，输出结果如图2-1所示。

```
请输入购买苹果重量：2.5
请输入购买香蕉重量：3.6
请输入购买西瓜重量：3.9
商品名称        单价(元)        质量(kg)        小计(元)
--------------------------------------------------
苹果            5               2.5             12.50
香蕉            3               3.6             10.80
西瓜            4               3.9             15.60
--------------------------------------------------
                                        总价：38.90元
```

图 2-1　购物清单

任务 2.4　计算不同图形面积——顺序结构

视 频

计算不同图形面积——顺序结构

任务目标

已知长方形的长和宽分别是4和3，三角形的底和高分别是3.6和2.5，分别计算长方形和三角形的面积，并计算长方形和三角形的总面积。

知识准备

顺序结构是程序中最简单的一种结构，只要按照问题的处理顺序，依次写出相应的语句即可。语法格式如下：

```
语句1
语句2
语句3
语句4
…
```

【例2-7】分别输入长方体的长、宽、高，然后计算长方体的体积。

程序代码如下：

```
# 第1步：通过 input()函数获取长方体的长赋值给length
length=float(input())
# 第2步：通过 input()函数获取长方体的宽赋值给width
width=float(input())
# 第3步：通过 input()函数获取长方体的高赋值给high
height=int(input())
# 第4步：求出长方体的体积，并赋值给volume
volume=length * width * height
# 第5步：使用格式化方法输出体积并按照实际输出样例来调整输出值
print( "长方体的体积为%.2f立方米。" %volume)
```

程序运行结果：

```
30
20
10
长方体的体积为6000.00立方米。
```

任务分析

要实现任务2.4中的计算不同图形面积的功能，需要对任务2.4的实施过程进行分解，具体如下：

① 计算长方形面积。

② 计算三角形面积。

③ 计算两个图形面积之和。

④ 分别输出长方形、三角形的面积，最后输出总面积。

任务实施

根据已知长方形的长和宽，三角形的底和高，分别计算长方形和三角形的面积，并进行累加求出总面积。

程序代码如下：

```
rectangle_length=4              #声明整型变量表示长方形的长，并赋值4
rectangle_width=3               #声明整型变量表示长方形的宽，并赋值3
triangle_length=3.6             #声明浮点型变量表示三角形的底边长，并赋值3.6
triangle_height=2.5             #声明浮点型变量表示三角形的高，并赋值2.5
# 第1步：计算长方形面积，赋值给变量rectangle_area
rectangle_area=rectangle_length * rectangle_width
# 第2步：计算三角形面积，赋值给变量triangle_area
triangle_area=0.5 * triangle_length * triangle_height
# 第3步：计算长方形面积与三角形面积之和，赋值给变量area_total
area_total=rectangle_area + triangle_area
print('长方形面积：',rectangle_area)
print('三角形面积：',triangle_area)
print('总面积：',area_total)
```

程序运行结果：

```
长方形面积：12
三角形面积：4.5
总面积：16.5
```

单元小结

本单元主要介绍了Python的变量、数据类型、输入与输出格式，以及程序的顺序结构。这些内容是程序设计最基础的知识，必须熟练掌握。在Python编程中，程序语句要注意缩进、要添加适当注释，变量的命名要规范，增加程序可读性和易维护性。

课后练习

尝试使用不同的输出方式完成以下各题：

1. 输入学生三门课成绩，然后输出总分及平均分。

2. 按照提示分别输入用户名和密码，输出“欢迎登录”。

3. 提示用户输入当天所走的步数，根据公式计算消耗的热量，已知每一步消耗 28 cal（1 cal ≈ 4.2 J）。

4. 已知小球以 5m/s 的水平速度平抛，重力加速度取 9.8 m/s^2，在忽略空气阻力的情况下，求经过 2 s 后，小球所在位置与抛出点之间的距离（假设小球距地面足够高）。

第3单元
选择结构

知识目标

- 了解选择结构的作用。
- 熟悉各种选择结构的用法。

能力目标

- 能够运用if进行单分支、双分支、多分支结构程序设计。
- 能够运用嵌套分支结构进行多重选择程序设计。

著名作家柳青说过：“人生的道路虽然漫长，但紧要处常常只有几步，特别是当人年轻的时候。”在现实生活中很多时候都是在做选择，如走到岔路口要选择正确的前进道路、根据天气决定出行方式等。下面罗列生活中一些选择结构的例子，以方便我们更好地理解选择结构。

① 树生长过程中的分叉，如图3-1所示。

图 3-1　树的分叉

②行进中的分叉路口，如图3-2所示。

③人生的每一步都面临选择，如图3-3所示。

图 3-2　岔路口

图 3-3　人生选择

为了方便处理选择问题，Python和大多数程序设计语言一样都提供了选择结构，也称为分支结构，可以根据条件成立与否，决定程序执行不同的语句。学习选择结构会涉及4种形式，分别是单分支if语句、双分支if...else语句、多分支if...elif…elif语句以及嵌套if语句，下面分别进行讲解。

任务 3.1　判断闰年——单分支结构 if

视频

判断闰年—单分支结构if

任务目标

编写一个程序，实现任意输入一个年份，判断是否为闰年并输出相应结果。

知识准备

1. 语法格式

单分支语句用于表示当某条件成立时执行某些语句，不成立时执行单分支的后续语句。语法格式如下：

```
if 表达式:
    语句块
```

单分支流程图如图3-4所示。

条件　N　Y　语句

图 3-4　单分支流程图

注意：

①冒号标识。if条件表达式后面必须有个冒号，这是Python的语法规定，缺少冒号会报以下错误：

```
SyntaxError: invalid syntax。
```

② 格式缩进。在Python中不像其他语言一样使用{}表示语句块的开始和结束，而是使用格式缩进的方式表示语句块，if条件表达式成立时要执行的语句块必须全部向右缩进。Python中对缩进格式要求非常严格，如果连续多行代码缩进长度一致，表示这些语句为一个整体（语句块）。默认缩进4个空格，如果缩进长度不一致会报错，初学者尤其要注意和适应。使用缩进可以节省代码行数，让代码看起来更简洁，逻辑更清楚，PyCharm会自动帮用户进行缩进。

③ 如果语句块中只有一条语句，可以和if表达式写在同一行。

2. 简单示例

下面通过一个简单练习，熟悉一下单分支if的语法。

【例3-1】输入一个数字，判断是否为正数，如果是则输出判断结果。

程序代码如下：

```
#单分支语句
x=eval(input("请输入一个数字："))
if x>0:#判断条件是否成立，注意冒号
    print("你刚输入数是：{0}".format(x))            #语句块要统一缩进
    print("它是一个正数")
```

程序运行结果：

```
请输入一个数字：12
你刚输入数是：12
它是一个正数
```

本程序在输入一个非正数时，不输出内容。

在选择结构中，条件表达式有时会比较复杂，经常用到关系运算、逻辑运算和条件运算来表示条件，有时需要借助小括号（）进行分隔，以方便理解表达式。例如：

① 判断年份year是否为闰年：

```
(year%4==0 and year%100!=0) or (year%400==0)
```

② 判断ch是否为小写字母：

```
(ch>='a' )  and  (ch<='z')
```

Python支持一种更简单的写法：

```
'a'<=ch<='z'
```

③ 判断m能否被n整除：

```
m%n==0                #方法一
m-m/n*n==0            #方法二
```

④ 判断ch既不是字母也不是数字字符：

```
not((ch>='A' and ch<='Z')or(ch >='a' and ch<='z')or(ch>='0' and ch<='9'))
```

或者使用下面这种简写方式：

```
not (('A'<=ch<='Z') or ('a'<=ch<= 'z')or('0'<=ch<='9')):
```

任务分析

要实现任务3.1中的闰年问题，要理解闰年是为了弥补因人为历法规定造成的年度天数与地球实际公转周期的时间差，闰年比一般的年份多一天闰日（即2月29日）。闰年的设置有一定的规则，要判断一个年份是否为闰年，要根据以下条件判断：

① 年份能被4整除并且不能被100整除的是闰年，如2008年是闰年。

② 年份能被400整除的是闰年，如2000年是闰年，1900年不是闰年。

任务实施

1. 设计流程图

设计任务3.1的流程图，如图3-5所示。

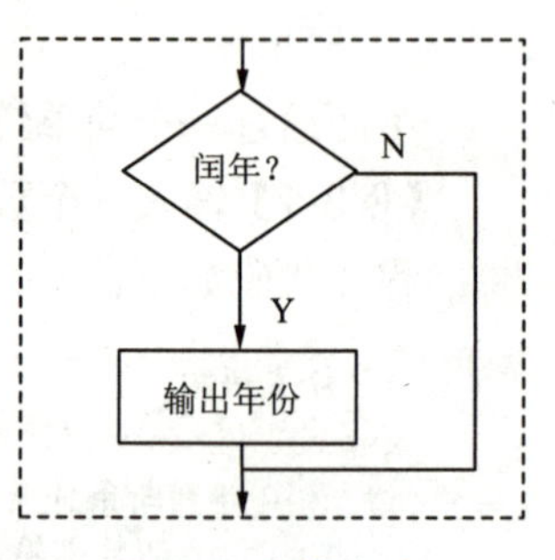

图 3-5　判断闰年

主要程序步骤：

① 输入一个整数年份。

② 根据上述判断条件，判定它是否为闰年判别条件。

③ 如果是闰年则输出该年份。

2. 编写程序代码

```
year=int(input("输入年份: "))    #将输入的内容转换成整数
if(year%4==0 and year%100!=0) or (year%400==0):
    print("%d年是闰年"% year)
```

程序运行结果：

```
输入年份: 2020
2020年是闰年
```

任务 3.2　用户登录——双分支结构 if…else

视 频

用户登录——双分支结构 if…else

任务目标

企业管理系统中经常用到类似图3-6所示的用户登录界面，使用Python设计一个登录程序，模拟用户登录功能，登录时输入用户名和密码，根据用户名和密码是否正确判断是否登录成功。

任务分析

任务3.2用户登录的基本流程如下：

① 输入用户名、密码。

② 判断条件是否成立：判断输入的用户名和密码是否与系统内置的用户名和密码一致。

③ 如果条件成立，输出“登录成功”，否则输出“登录失败”。

图 3-6　用户登录界面

知识准备

1. 设计流程图

简单的单分支语句只解决了条件成立时的情况，如果还需要处理条件不成立时的情况，可以使用双分支语句。双分支语句根据条件是否成立来选择执行不同的语句，成立时执行一个语句块，不成立时执行另一个语句块，流程图如图3-7所示。

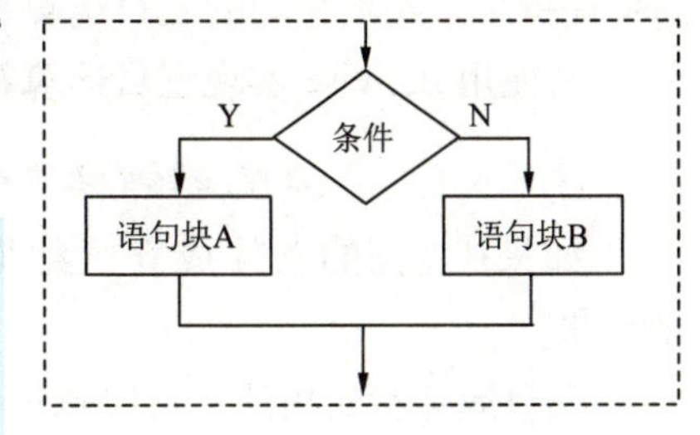

图 3-7　双分支结构流程图

双分支选择结构的一般格式如下：

```
if 表达式:          #注意要有冒号
    语句块1          #注意语句块向右缩进4个空格
else:               #注意要有冒号
    语句块2          #注意语句块向右缩进4个空格
```

注意：

① if和else后面都要有冒号，冒号下一行的语句要缩进。

② else语句不能单独使用。

2. 简单示例

下面通过一个例子先熟悉一下双分支语句的用法。

【例3-2】输入一个数字，如果是正数输出它是一个正数，否则输出它不是一个正数。

程序代码如下：

```
#双分支语句
x=eval(input("请输入一个数字："))
print(f"你刚输入的数是：{x}")     #f开头的字符串内用{变量名}输出变量值
if  x>0:                          #判断条件是否成立，注意冒号
    print("它是一个正数")
else:
    print("它不是一个正数")
```

注意： 其中 f 为前缀的字符串内用 { 变量名 } 的方式可以输出变量值。f-string 可以使用冒号，在冒号后指定用于类型、填充或对齐的格式说明符。

例如：

```
price=123.4567
print(f'{price:.2f}')
```

输出结果为123.46，是保留2位小数的浮点数。

例3-2的程序运行结果如下：

```
请输入一个数字：12
你刚输入的数是：12
它是一个正数
```

再次运行的结果：

```
请输入一个数字：-3
你刚输入的数是：-3
它不是一个正数
```

3．三目运算符

双分支语句也可以使用Python三目运算符（三元运算符）来实现，Python 是一种极简主义的编程语言，它没有像其他语言一样引入三目运算符（?：），而是使用已有的 if...else 关键字来实现相同的三目运算符功能。

若使用 if...else 实现三目运算符（条件运算符），其格式如下：

```
表达式1  if 条件 else 表达式2
```

如果if后面的条件成立（结果为真），就返回表达式1的结果，否则返回表达式2的结果。

三目运算符的用法，可以通过和if...else对比来体会其用法。

【例3-3】输入两个数字，输出其中的较大数字。

使用if...else 语句和三目运算符实现的代码如下：

```
a, b=eval(input("请输入两个数字："))
if a>b:
    max=a
else:
    max=b
print("两个数中较大的是：", max)
max=a if a>b else b  #使用三目运算符（条件运算符）
print("两个数中较大的是：", max)
```

语句max = a if a>b else b的含义是：如果 a>b 成立，就把 a 作为整个表达式的值，并赋给变量 max；否则就把 b 作为整个表达式的值，并赋给变量 max。

程序运行结果：

```
请输入两个数字：1,2
两个数中较大的是：2
两个数中较大的是：2
```

例3-2也可以用三元运算符实现，读者可以尝试一下。

任务实施

1. 设计流程图

任务3.2用户登录的流程图如图3-8所示。

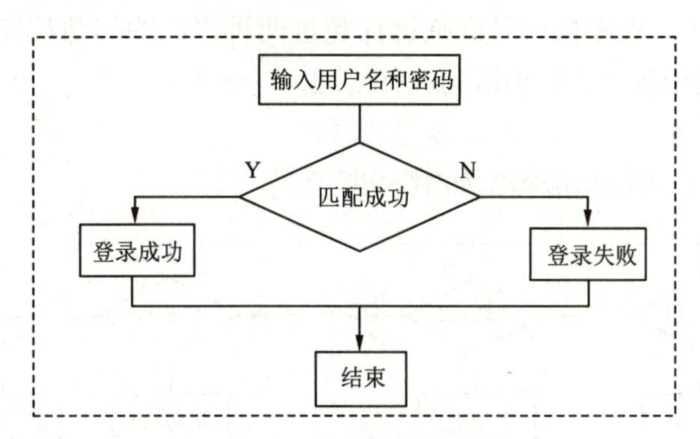

图 3-8　用户登录流程图

2. 编写程序代码

```
username=input("用户名：")
password=input("密码：")
if(username=='admin' and password=='123456'):
    print("登录成功！")
else:
    print("登录失败！")
```

程序运行结果：

```
用户名：admin
密码：123456
登录成功！
```

再次运行，用户名或密码不对正确时，结果如下：

```
用户名：Tom
密码：123
登录失败！
```

任务 3.3　猜数字游戏——多分支语句

视 频

猜数字游戏——多分支语句

任务目标

小明与计算机玩猜数字游戏，游戏规则如下：计算机程序随机产生一个0～10之间的整数，小明输入自己猜想的数字，计算机程序根据输入的数字提示他猜测的结果：猜大了、猜小了或者猜对了。

知识准备

很多现实问题需要根据不同情况采用不同的解决方法，所面临的情况有时不止两种，如输入一个学生百分制的成绩，转换成优、良、中、差的等级，会因为输入分数的不同面临多种选择的可能。程序执行时面临选择超过两种情况的问题都属于多分支情况，在Python语言中可以使用多分支结构语句进行处理。

1. 第一种多分支：if…elif…else多分支结构

if…elif…else多分支语句流程图如图3-9所示。

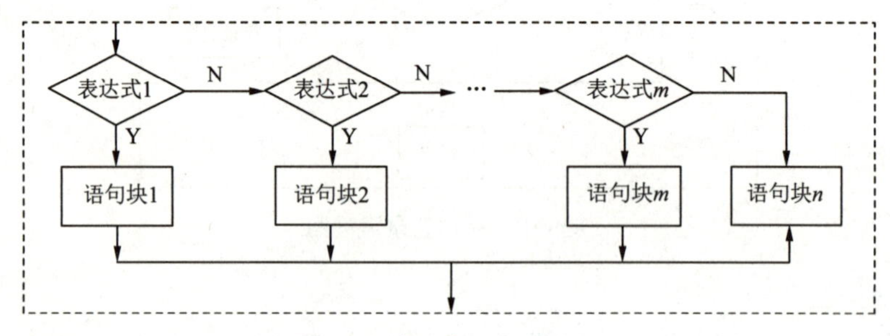

图 3-9 多分支语句流程图

语法格式为：

```
if 表达式1:
    语句块1
elif 表达式2:
    语句块2
…
elif 表达式m:
    语句块m
else:
    语句块n
```

注意：

① if部分是必需的，但elif 和 else 部分都是可选的。

② 每个条件表达式和最后的else语句后都要加冒号，冒号后的语句块都要向右缩进。

③ if、elif、else要左对齐。

下面通过一个简单的例子熟悉一下多分支语句的语法。

【例3-4】 输入一个数字，判断是正数、负数还是零。

程序代码如下：

```
#eval()函数返回传入字符串表达式的结果，此处将默认输入的字符串内容转换为数字
x=eval(input("请输入一个数字："))
print(f"你刚输入的数字是：{x}", end=",")       #f字符串内用{变量名}输出变量值，
                                              #并以逗号为结束符
if  x>0:                                      #判断条件是否成立，注意冒号
    print("它是一个正数")
elif  x==0:
    print("它是零")
```

```
else:
    print("它是一个负数")
```

程序运行结果：

```
请输入一个数字：88
你刚输入的数字是：88,它是一个正数
```

2. 第二种多分支结构：match...case语句

在C、Java等编程语言中，有一种多分支语句switch...case，Python在3.10版之前没有类似的语句，处理多分支有些麻烦。在Python 3.10版中新加了一个专门处理多分支的match...case语句，它能够实现C、Java等其他语言中switch...case的功能，可以作为if...elif...else的替代品，能显著减少代码量，match...case语法格式如下：

```
match 表达式:                 #match 后面是一个表达式
    case '模式1':             #表达式的值是否匹配模式1，如果匹配上不会继续执行其他的case
        语句块1
    case'模式2':              #表达式的值是否匹配模式2，如果匹配上不会继续执行其他的case
        语句块2
    …
    case _:                   #下画线“_”表示当以上所有case 都无法匹配时，匹配这一条
        默认语句块
```

【例3-5】使用新型多分支语句match...case实现英汉单词对照，根据英语单词输出对应的中文。

程序代码如下：

```
fruit='Apple'
# match case 多分支语句
match fruit:                  #match 后面跟要匹配的对象
    case 'Apple':             #一旦某个case匹配上，不会继续执行下面的其他case
        name='苹果'
    case 'Orange':
        name='橘子'
    case 'Banana':
        name='香蕉'
    case _:                   #_ 捕获其他未涵盖的情况（默认情况）
        name='未知水果'
print(f'{fruit}:{name}')
```

程序运行结果：

```
Apple:苹果
```

math...case多分支语句的实际功能要比其他语言的switch...case语句更强大和灵活，它支持or模式操作符“|”、通配符、可变参数*args、可变参数**kv等。

【例3-6】输入月份，输出该月对应的天数。

程序代码如下：

```
m=int(input("输入月份："))
match m:
```

```
        case 1|3|5|7|8|10|12:      #使用or模式操作符“|”可以将同类情况放在一起处理
            print(f'{m}月份共31天')
        case 4 | 6 | 9 | 11:
            print(f'{m}月份共30天')
        case 2:
            print('2月份闰年29天，平年28天')
        case "-":                  #默认情况
            print("月份输入有误")
```

任务分析

在任务3.3中，首先由程序产生一个0～10之间的随机整数，然后用输入语句输入一个整数，并与程序产生的随机整数进行比较，根据比较结果分情况处理。

任务实施

任务3.3猜数字游戏的实施过程如下。

1. 设计流程图

猜数字游戏流程图如图3-10所示。

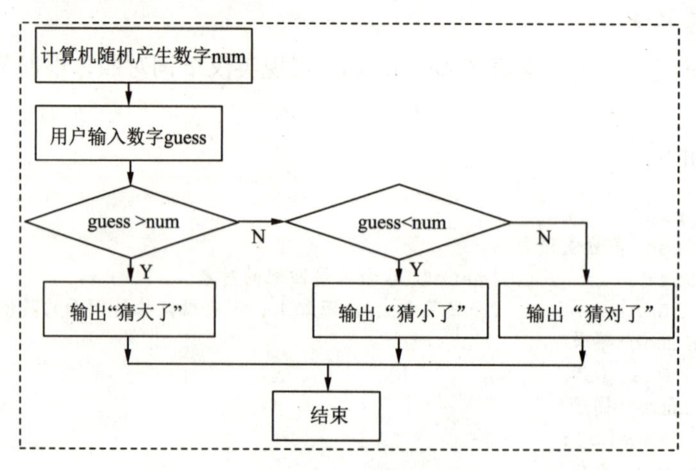

图 3-10 猜数字游戏流程图

2. 编写程序代码

任务3.3猜数字游戏的代码如下：

```
import random
number=random.randint(0,10)              #随机生成一个0～10之间的整数
guess=int(input('猜猜计算机生成的整数\n输入一个0～10之间的整数：'))
if guess==number:
    print('猜对了')
elif guess<number:
    print('你猜得太小了')
else:
    print('你猜得太大了')
print(f'正确答案是{number}')
```

程序运行结果：

```
猜猜计算机生成的整数
输入一个0~10之间的整数：5
你猜得太大了
正确答案是3
```

任务 3.4　设计薪水的算法——嵌套分支语句

任务目标

视 频

薪水的算法——嵌套分支语句

某公司为体现多劳多得，对员工的薪水的计算方法如下：

① 工作时数超过 120 h者，超过部分加发15%。

② 工作时数低于60 h者，扣发 700元。

③ 其余按每小时80元计发。

输入员工的工号和该员工的工作时数，计算应发薪水。

知识准备

1. 基本语法

if语句的嵌套，就是指在一个if语句内部再包含一个if语句的形式，这种嵌套形式在筛选数据或者条件过滤时常用到。语法格式如下：

```
if 表达式1:
    if 表达式2:
        语句块1
    else:
        语句块2
else:
    语句块3
```

上面格式中内嵌的if...else也可以嵌套在else语句中，有时可能只有if没有else，单分支、双分支、多分支可以互相包含，形式比较灵活，层数也不受限制，形成多重嵌套的效果，要注意各层之间的缩进和对齐问题。

在执行if嵌套语句时，采用“剥洋葱”的方式，即先判断外层if条件表达式是否成立，当为成立时，再依次判断内层if条件是否成立。

2. 简单示例

先通过一个简单例子熟悉一下if嵌套语句。

【例3-7】使用if嵌套实现输入一个数字，判断是正数、负数还是零。

程序代码如下：

```
x=eval(input("请输入一个数字："))
print(f"你刚输入的数字是：{x}", end=",")
if x>0:
    print("它是一个正数")
else:
    if x==0:             #嵌套一个if...else，注意缩进和对齐
        print("它是零")
    else:
        print("它是一个负数")
```

任务分析

为了实现任务3.4中计算应发薪水问题，首先分两种情况，即工时数小于等于120 h和大于120 h。工时数超过120 h，实发薪水有规定的计算方法。而工时数小于等于120 h，又分为大于60 h和小于等于60 h两种情况，分别有不同的计算方法。所以程序分为3个分支，即工时数>120、60<工时数≤120和工时数≤60，可以用if的嵌套实现。

任务实施

1. 设计流程图

任务3.4薪水算法的流程图如图3-11所示。

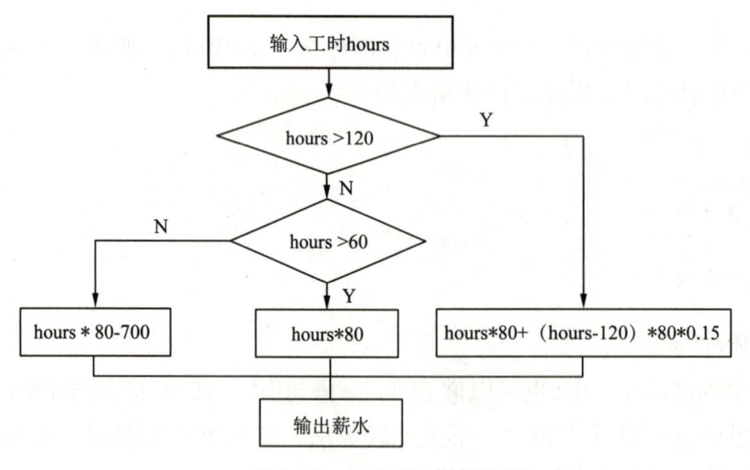

图 3-11　薪水算法的流程图

2. 编写程序代码

任务3.4薪水算法的实现代码如下：

```
hours=eval(input("输入工时："))
if  hours>120:
    salary=hours*80+(hours-120)*80*0.15                 #实发=应发+加发
else:
    if  hours>60:
```

```
        salary=hours*80              #实发
    else:
        salary=hours*80-700          #实发=应发-扣款
print(f"该工人工时数：{hours}小时，实发的工资是：{salary:.2f}元")
```

单元小结

本单元主要介绍了Python的选择结构，具体分为单分支结构、双分支结构、多分支结构、嵌套分支结构。这些选择结构以及它们的组合应用可以解决许多需要选择处理的问题，在学习时需要多加练习，注意缩进和冒号等格式上的问题，同时加强训练逐步提升程序编写水平。

课后练习

1. 选择语句中嵌套分支和多重分支存在什么区别？能否用来解决同样的问题？

2. 使用 if...else 语句计算快递费：输入快递重量，首重 10 元 / 千克、续重 4 元 / 千克，最后输出快递费用。

3. 使用分支结构对输入的 3 个数字排序，将它们按由小到大的顺序输出。

4. 百分制转换成五分制。输入一个 0 ~ 100 之间的分数，如果大于或等于 90 输出“优秀”，如果大于或等于 80 输出“良好”，如果大于或等于 70 输出“中等”，如果大于或等于 60 输出“及格”，否则输出“不及格”。

5. 输入月份，判断该月属于哪个季节，3、4、5 是春季，6、7、8 是夏季，9、10、11 是秋季，12、1、2 是冬季。

第4单元

循环结构

知识目标

- 了解循环结构的作用和设计方法。
- 熟练掌握while循环的用法。
- 熟练掌握for循环和range()函数的用法。
- 熟练掌握break、continue和pass语句。

能力目标

- 能够使用while设计受条件控制的while循环。
- 能够使用for语句设计计数控制的for循环。
- 能够使用while、for设计嵌套循环。
- 能够使用break、continue语句控制循环流程。
- 能够使用else、pass辅助程序设计。

生活中很多工作都是周而复始、不断重复的，它们按一定规律重复，如时钟指针的旋转，星球的运行轨迹、每天定时执行的任务、重复累加的数据、重复输入一个班50位同学的成绩等，这些重复的工作如果用计算机来完成，则运行得又快又好。

Python提供了循环结构，主要是用于解决某些重复的代码工作，需要重复的代码即循环体只写一遍即可。循环结构是程序设计中最能发挥计算机特长的程序结构，可以有效减少源代码重复书写的问题。

Python语言中的循环结构，主要分为两种类型：受条件控制的while循环和计数控制的for循环。

任务4.1 升级猜数游戏版本——while循环

任务目标

视频
升级版猜数游戏——while循环

第3单元中的猜数字游戏，只能猜一次，每次猜测需要重新运行游戏，十分不方便，现将此游戏的程序做以下修改：

编写一个程序，能随机产生0~10之间的一个整数，用户可以重复输入自己猜测的整数，如果没猜对，则提示“猜大了”还是“猜小了”，直到猜对自动退出程序。

知识准备

Python中的循环分为有条件控制的while循环和计数控制的for循环，下面先学习一下while循环。

1. while循环

循环语句是由循环体及循环的终止条件两部分组成的，只要条件表达式满足，就不断循环，条件不满足时则退出循环。while语句的一般格式如下：

```
while 条件表达式:
    循环体
```

while循环结果中条件表达式控制着循环是否继续，该表达式结果是真（True）或者假（False）。while循环流程图如图4-1所示。

表达式
N
Y
语句块

图4-1 while循环流程图

注意：

（1）while条件表达式后面要有冒号。

（2）当循环体由多条语句构成时，必须用缩进对齐的方式组成一个语句块。

（3）如果表达式永远为True，循环将会无限地执行下去（俗称“死”循环）。

（4）在循环体内必须有修改表达式值的语句，使其值趋向False，让循环趋于结束，避免死循环。

2. 简单示例

为更好地掌握while循环的用法，先学习两个简单的while例子。

【例4-1】 计算1~100内所有整数之和，用while循环实现。

程序代码如下：

```
i=1                                    #当前要加的数字
sum=0                                  #用于存放已累加数字的和
while i<=100:                          #循环条件
```

```
    sum=sum+i
    i=i+1
print(sum)
```

程序运行结果：

```
5050
```

在循环内部变量i不断自加，直到大于100时，while的条件不再满足，退出循环。

【例4-2】输入一个大于0的整数，输出其位数（如2020的位数为4）。

分析：将输入的整数存入变量n中，用变量k来统计n的位数，思路是每循环一次就去掉n的最低位数字（用Python的地板除运算符实现），直到n为0。

程序代码如下：

```
n=int(input("输入一个大于0的整数，求出其位数："))          #输入一个整数
k=0                                                       #用来计数
while n>0:                                                #循环结束的条件
    k+=1
    n//=10                                                #地板除
    print(f"n={n},k={k}位")
print("所输入整数的位数是：% d" % k)                      #打印结果
```

程序运行结果：

```
输入一个大于0的整数，求出其位数：2020
n=202,k=1位
n=20,k=2位
n=2,k=3位
n=0,k=4位
所输入整数的位数是：4
```

任务分析

任务4.1的升级版猜数字游戏是一个受条件控制的循环程序，即采用一个表达式来控制循环的次数。在Python中一般可以使用while语句来实现条件控制的循环。

任务实施

猜数字游戏的流程图如图4-2所示。

程序代码如下：

```
import random                           #导入随机数模块
number=random.randint(0,10)             #产生一个0~10之间的随机整数
guess=""                                #先设置guess为空
print("猜猜看")
while guess!=number:
    guess=int(input('输入一个整数：'))
    if guess<number:
        print('你猜得太小了')
    elif guess>number:
        print('你猜得太大了')
```

```
    else:
        print(f'猜对了,答案就是{number}!')
```

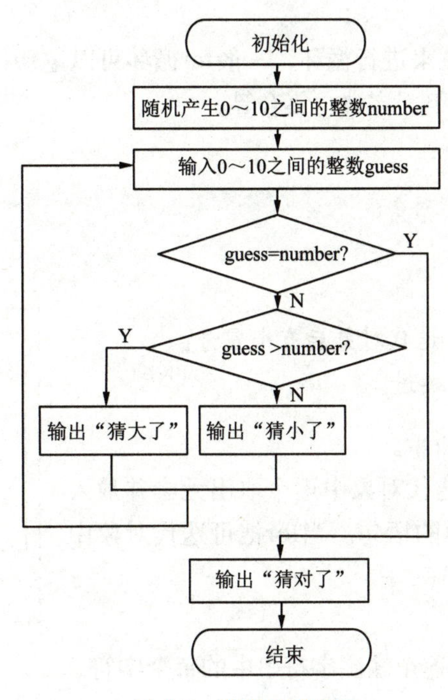

图 4-2　猜数字流程图

程序运行结果：

```
猜猜看
输入一个整数: 4
你猜得太小了
输入一个整数: 9
你猜得太大了
输入一个整数: 8
猜对了,答案就是8!
```

该程序能够允许用户持续猜测直至猜中为止，避免了例3-6中每次猜测都要重新运行程序的问题。

任务 4.2　求任意整数的倍数及倍数之和——for 循环

视频

求任意整数的倍数及倍数之和——for循环

任务目标

输出1～100之间的偶数和偶数之和，并拓展为输入任意整数n（$0<n<100$），输出1～100之间整数n的倍数及所有倍数之和。

知识准备

1. for循环基本知识

for循环根据指定的次数来进行循环，一般for循环可以遍历任何一个可迭代对象，如遍历一个字符串、列表、元组、字典、集合等。

for循环的格式一般如下：

```
for 目标变量 in 可迭代对象:
    循环体
```

注意：

（1）for循环的格式中可迭代对象后有个冒号。

（2）循环体要整体向右缩进。

for循环流程图如图4-3所示。

for循环的作用是从可迭代对象中逐个取出元素并放入目标变量中，执行循环体中的语句。当for把可迭代对象中的元素全部取出后，终止循环。

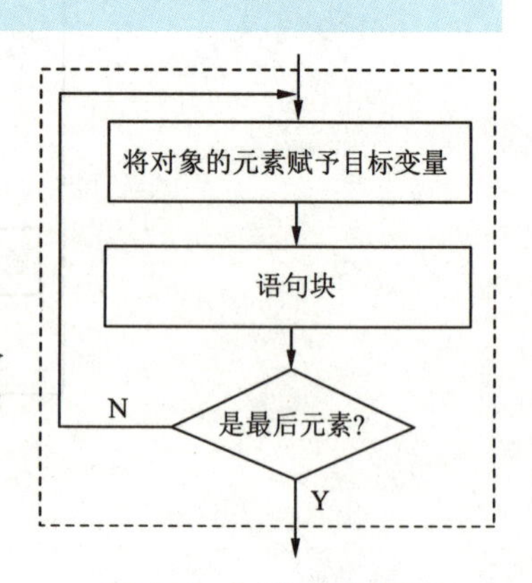

图4-3　for循环流程图

2. 简单示例

【例4-3】 遍历字符串，逐个输出字符串中的每个字符。

程序代码如下：

```
for i in 'ABC':
    print(i,end=' ')
```

程序运行结果：

```
A B C
```

3. range()函数

如果要遍历一个整数序列，或者要使用整数进行计次，则需要使用Python内置函数range()。range()函数用于生成一个等差的整数序列，语法格式如下：

```
range(start, stop[, step])
```

参数说明：

(1) start：计数的第一个值，包含这个值，如果省略start，默认从0开始。

(2) stop：表示计数到stop终止，但要注意range()函数取值时不包括stop。

(3) step：步长，用来控制生成整数之间的间隔，如果省略则默认为1，如果为n，则表示生成整数之间的间隔为n，步长为负数表示逆序生成整数。start、stop、step必须是整数，可以是负数，但不能是浮点数或其他类型。

【例4-4】 使用for循环和range()函数生成数字序列0、1、2、3、4。

range(5)和range(0,5)都表示生成序列0、1、2、3、4，注意不包括5，range(5)是range(0,5)的省略形式，省略了起始值0。

程序代码如下：

```
for i in range(5):
    print(i, end=' ')
print()
for i in range(0, 5):
    print(i, end=' ')
```

程序运行结果：

```
0 1 2 3 4
0 1 2 3 4
```

【例4-5】 range()函数的各种用法。

程序代码如下：

```
for i in range(10):               #步长为1，省略起点，默认为0
    print(i, end=" ")             #逐个输出0～9，最后的10取不到
print()                           #换行
for i in range(0, 10):            #步长为1，逐个输出0～9，最后的10取不到
    print(i, end=" ")
print()
for i in range(0, 10, 2):         #步长为2，逐个输出0～9，最后的10取不到
    print(i, end=" ")
print()
for i in range(10, 0, -1):        #步长为-1，逆序逐个输出10到1，最后0取不到
    print(i, end=" ")
print()
for i in range(10, 0, -2):        #步长为-2，逆序逐个输出10到1，最后0取不到
    print(i, end=" ")
```

程序运行结果：

```
0 1 2 3 4 5 6 7 8 9
0 1 2 3 4 5 6 7 8 9
0 2 4 6 8
10 9 8 7 6 5 4 3 2 1
10 8 6 4 2
```

根据注释，仔细分析程序，理解体会range()函数的用法，牢记range()生成的序列中无论是正序还是逆序取，起始数值start可以取到，结尾数值stop取不到，即遵守“左闭右开”的规则。

任务分析

任务4.2求任意整数的倍数和倍数之和，需要指定开始数字、终止数字和步长，可以先从设计1～100之间的所有偶数问题入手，再拓展到任意数的情况。

任务实施

求某数的倍数和倍数之和分为两个步骤：先输出1～100之间的偶数和偶数之和，再

输入一个整数，求1～100之间该数的倍数及倍数之和。

程序代码如下：

```
sum1=sum2=0
# 1.计算1～100之间偶数之和
print("1～100之间的偶数:",end="")
# 步长为2，起点为2，终点取101，确保100能取到
for i in range(2, 101, 2):
    print(i, end=" ")
    sum1=sum1+i
print("\n1～100的偶数之和:",sum1)

# 2.计算1～100之间任意数的倍数及倍数之和
x=int(input("\n输入一个整数，求其倍数及倍数之和："))
print(f'1～100之间{x}的倍数：', end="")
for i in range(x, 101, x):
    print(i, end=" ")
    sum2+=i
print(f"\n1～100之间{x}的倍数之和：", sum2)   #\n是换行
```

程序运行结果：

```
1～100之间的偶数:2 4 6 8 10 12 14 16 18 20 22 24 26 28 30 32 34 36 38 40
42 44 46 48 50 52 54 56 58 60 62 64 66 68 70 72 74 76 78 80 82 84 86 88 90
92 94 96 98 100
1～100的偶数之和：2550
输入一个整数，求其倍数及倍数之和：10
1～100之间10的倍数：10 20 30 40 50 60 70 80 90 100
1～100之间10的倍数之和：550
```

思考如何计算100～200（包含200）之间的奇数和？

提示：注意起始数值、步长，要注意结束数值是否能取到。

任务 4.3 输出九九乘法表——循环嵌套

视频

九九乘法表——循环嵌套

任务目标

逐行输出九九乘法表。

知识准备

1. 循环嵌套基础知识

Python语言可以使用循环嵌套，即一个循环体内又包含一个循环结构，当循环有两层时，为了方便区分，一般将它们称为外层循环和内层循环。当内层循环执行结束后，

外层循环才可以进入下一次循环。如果是多层循环，可以从最内层向外逐层处理。

不同的循环结构可以互相嵌套，例如在while循环中可以嵌入for循环，反之，也可以在for循环中嵌入while循环。一般来说，在Python中可以实现以下类型的循环类型组合：

① while循环中嵌套while（常用）。

② for循环中嵌套for（常用）。

③ while循环中嵌套for循环。

④ for循环中嵌套while循环。

2. 简单示例

实施任务4.3之前，先做一个while的双重循环练习。

【例4-6】使用两层while循环输出“*”组成的三角形。

程序代码如下：

```
i=1
while i<=5:
    j=1
    while j<=i:
        print("*", end='')
        j+=1
    print()
    i+=1
```

仔细体会内层循环一次，外层循环再循环一次，类似秒针与分针的关系，秒针转一圈，分针增加一格。

注意程序中的缩进，执行后，输出结果如下：

```
*
* *
* * *
* * * *
* * * * *
```

任务分析

任务4.3的九九乘法表中有一个变量i控制行数，在每行中再增加一个控制列数的变量j，通过控制i、j及i*j得到最终结果。

任务实施

任务4.3的九九乘法表实现程序如下：

```
for i in range(1, 10):                           #外层行数取1～9
    for j in range(1, i+1):                      #内层列数取1～i
        print(f'{j}×{i}={i*j}\t ', end='')       #一行内不换行
print()                                          #一行结束后换行
```

程序运行结果：

```
1×1=1
1×2=2  2×2=4
1×3=3  2×3=6   3×3=9
1×4=4  2×4=8   3×4=12  4×4=16
1×5=5  2×5=10  3×5=15  4×5=20  5×5=25
1×6=6  2×6=12  3×6=18  4×6=24  5×6=30  6×6=36
1×7=7  2×7=14  3×7=21  4×7=28  5×7=35  6×7=42  7×7=49
1×8=8  2×8=16  3×8=24  4×8=32  5×8=40  6×8=48  7×8=56  8×8=64
1×9=9  2×9=18  3×9=27  4×9=36  5×9=45  6×9=54  7×9=63  8×9=72  9×9=81
```

使用两层for循环实现，外层变量i表示行数，输出时放在“×”后，内层变量j表示列数，输出时放在“×”前。要注意range()函数尾数取不到，在设置取值范围时range()的尾数值要比实际值多1，同时在每一行内输出乘法表达式时，使用转义符\t解决对齐问题，每一行输完后使用print()完成一次换行。

任务 4.4 产品抽检——跳转语句

视 频

产品抽检——跳转语句

任务目标

质监部门对某企业的产品进行抽检，抽查4件产品，要求产品检测指标要在60～100之间，介于80（含80）～100（含100）之间视为优良，60～80（不含80）之间视为合格，小于60视为不合格，一旦发现某产品不合格则停止余下的检测，输出“抽检不通过”，全部产品指标合格输出“抽检通过”。设计一个程序，使用break、continue、else语句，模拟这个抽检过程。

知识准备

循环中有几条特殊的语句，可以实现跳转等功能。

1. break语句

break语句在循环中的作用是可以提前停止循环。例如，本来要通过循环逐个打印字符串中的字符，如果要提前结束循环，可以用break语句中断当前这层循环。

【例4-7】for循环中使用break，逐个输出字符时遇到'h'中断循环。

程序代码如下：

```
for letter in 'Python':
    if letter=='h':
        break
    print ('当前字母 :', letter)
```

程序运行结果：

```
当前字母 : P
当前字母 : y
当前字母 : t
```

执行上面的代码可以看到，break的作用是提前结束循环，直接跳出当前循环，程序结束。

2. continue语句

在循环过程中，可以通过continue语句，跳过当前的这轮循环，开始下一轮循环。对于例4-7本来要逐个打印字符串中的字符，如果不想打印字符h，可以用continue语句跳过本轮循环。

【例4-8】for循环中使用continue，逐个输出字符时遇到'h'就跳过。

程序代码如下：

```
for letter in 'Python':
    if letter=='h':
        continue
    print ('当前字母 :', letter)
```

可见continue的作用是提前结束本轮循环，并直接开始下一轮循环。

3. for、while语句与else语句组合使用

类似if...else双分支语句，for、while两循环也可以与else语句组合使用，不过else在这里的具体作用相当于正常执行完循环后的“奖励”，一旦循环中执行了break语句，就认为循环是不正常结束，丧失了“奖励”，不再执行else语句。

【例4-9】循环与else组合使用输出整数序列。

程序代码如下：

```
x=0
while x < 10:
    print(x, end='')    #输出0, 1, 2,...,9
    x=x+1
else:                   #1.while与else组合使用，相当于正常完成while之后的奖励
    print("完成输出0～9")

for x in range(10, 0, -1):
    print(x, end='')
else:                   #2.for与else组合使用，相当于正常完成for之后的奖励
    print("完成输出10, 9,...,1")
```

程序运行结果：

```
0 1 2 3 4 5 6 7 8 9 完成输出0～9
10 9 8 7 6 5 4 3 2 1 完成逆序输出10, 9,...,1
```

4. pass语句

pass语句是一条空语句，它不做任何操作，代表一个空操作。观察下面循环语句中pass的使用。

```
for x in range(10):
   pass
```

该语句的确会循环10次，但是除了循环本身之外，它什么也没做。

任务分析

任务4.4进行产品检测时，要求一旦检测出不合格产品立即停止检测，使用for循环逐项输入产品名称和指标，如果指标介于80～100输出“优良”，介于60～80输出“合格”，使用continue继续检查下一个，不在此范围内的输出“不合格”，使用break中断检测。

任务实施

任务4.4产品抽检的程序代码如下：

```
print("产品检测程序（抽检指标80以上为优良、60以上为合格，60以下不合格）")

for i in range(1, 5):          #循环4次
      num=float(input(f'输入第{i}个产品指标（0～100）：'))
      if num>=80:
            print(f'优良，指标为{num}')
      elif num>=60:
            print(f'合格，指标为{num}')
            continue           #跳过本次循环，进入下一轮循环
      else:
            print(f'！！！发现第{i}个产品不合格，指标为{num}，不在合格范围（60-100）内，本批次抽检不通过！！！！')
            break              #中断循环，for后奖励的else不执行
else:                          #循环正常结束，for后奖励的else正常执行
      print("__________恭喜，本批次抽检全部通过！__________")
```

对某一批产品进行检测，运行结果如下：

```
产品检测程序（抽检指标80以上为优良、60以上为合格，60以下不合格）
输入第1个产品指标（0～100）：99
优良，指标为99.0
输入第2个产品指标（0～100）：88
优良，指标为88.0
输入第3个产品指标（0～100）：77
合格，指标为77.0
输入第4个产品指标（0～100）：66
合格，指标为66.0
__________恭喜，本批次抽检全部通过！__________
```

若某批产品中有不合格的，进行检测时，执行结果如下：

```
产品检测程序（抽检指标80以上为优良、60以上为合格，60以下不合格）
输入第1个产品指标（0～100）：88
优良，指标为88.0
输入第2个产品指标（0～100）：66
合格，指标为66.0
```

```
输入第3个产品指标（0~100）：55
！！！发现第3个产品不合格，指标为55.0，不在合格范围（60~100）内，本批次抽检不通过！！！
```

单元小结

本单元主要介绍了Python的for循环结构、while循环结构，同时还介绍了break、continue、pass、else语句。这些控制语句的组合应用可以实现非常强大的功能，能够解决很多复杂的问题，但也意味着程序代码的长度和难度也有所上升，在学习时需要多加练习、逐步提升程序编写水平。

课后练习

一、选择题

1. 以下 for 语句中，不能完成 1 ～ 100 累加功能的是（　　）。

   A. for i in range(100,0): sum+=i　　B. for i in range(1,101): sum+=i

   C. for i in range(100,0,-1): sum+=i　　D. for i in range (101): sum+=I

2. 下列 for 循环执行后，输出结果的最后一行是（　　）。

```
for i in range(1,3):
    for j in range(2,5):
        print(i*j)
```

   A. 2　　B. 6　　C. 8　　D. 15

3. 下面代码的输出结果是（　　）。

```
for s in "HelloWorld":
    if s=="W":
        continue
    print(s,end="")
```

   A. Hello　　B. World　　C. HelloWorld　　D. Helloorld

4. 以下说法正确的是（　　）。

   A. 分支语句不能嵌套

   B. for 语句不能嵌套

   C. for 循环中如果执行 break 语句将跳转到循环的下一句

   D. else 语句只能和 if 语句组合使用

二、填空题

1. 用 range() 函数生成 1 ～ 100（包含 100）之间所有整数的表达式是________。

2. 在 for x in range(0,5) 语句中，循环执行的次数是________。

3. 输出下面程序的运行结果：________。

```
for char in 'PYTHON STRING':
    if char == ' ':
        break
    if char=='O':
        continue
    print(char, end='')
```

4. 给出程序运行结果：________。

```
s=10
for i in range(1,6):
    while True:
        if i%2==1:
            break
        else:
            s-=1
            break
print(s)
```

三、应用题

1. 用循环计算 1!+2!+3!+…+10! 的值。

2. 请尝试使用单层 for 循环实现如下三角形：

```
*
**
***
****
*****
```

3. 使用循环输出如下图形：

```
    *
   ***
  *****
 *******
*********
```

4. 完善猜数字游戏（while 和 if 组合）。要求数字的范围是 0 ～ 100，允许用户最多尝试 3 次，3 次都没猜对直接退出，如果猜对了，打印“恭喜”并退出。

第5单元 列表、元组与字符串

知识目标

- 了解列表和元组的基本概念。
- 了解列表和元组的不同点。
- 熟悉列表和元组的创建、访问、修改、删除等操作。
- 熟悉字符串的概念，以及字符串的常规操作。

能力目标

- 能够运用列表和元组进行存储设计。
- 能够运用列表和元组的常用函数进行程序设计。

在生活中，将一类相同的事物按一定顺序进行组织管理，会极大地提高人们的生活效率。如图5-1所示，自助快递柜通常按照从上至下、从左到右的顺序将每一个柜子进行编号管理，以便客户快速找到对应的货柜完成取货操作。又如，进行疫苗接种时，接种人员需要服从安排有序排队，这使得现场的效率更加高效。

图5-1　自助快递柜

在计算机中，数据是对观察到的客观事物的逻辑归纳，既包括字符和数字这类数字数据，也包含视频和图片这类模拟数据。将一组数据通过某种形式组织在一起形成的集合称为数据结构，集合中的每个数据称为数据元素。在上述的例子中，快递柜可以看成是一种集合，每一个货柜就类似于数据元素。

在Python中，将有顺序的数据元素集合体称作序列（Sequence）。序列是最基本的数据结构，它为批量数据的管理和处理提供了更加灵活和便捷的手段。Python的内建序列主要包括列表、元组、字符串、range对象，以及为处理二进制数据而特别定制的附加序列类型，其中列表和元组是最常被使用的两种类型。序列可以通过各数据元素在序列中的位置编号（索引）来访问数据元素。列表和元组在大部分情况下的操作都是一致的，不同点在于列表是可修改的，而元组是不可变的。本单元将重点对列表和元组的使用方法进行讲解，并在最后讲解一种特殊的序列——字符串。

任务 5.1 存储学生健康信息——列表的创建与访问

任务目标

由于疫情防控的需要，张三所在的班级需要统计组内每位学生的健康信息。张三作为班长，将每位同学的体温信息用表格进行了汇总，如表5-1所示。

表 5-1　学生健康统计数据

36.5	37.2	36.8	37.4	36.7

本任务的目标是将表5-1中学生单日健康数据用列表进行存储，并输出温度超过37℃的元素。

视 频

存储学生健康信息——列表的创建与访问

知识准备

1. 列表的创建

列表（List）是由若干元素按照特定顺序排列而成的集合，列表由一对方括号“[]”表示，元素在方括号中由逗号“,”分隔。不同于C或者Java语言，Python列表内的元素类型可以是不同的，既可以有数字、字符串，也可以有包含其他列表组成的嵌套序列，这种灵活的形式给数据的表示提供了极大的便利。

列表的创建方式分为两种，第一种是使用赋值运算符“=”直接将一个列表赋值给某个变量。格式如下：

```
列表名=[元素1, 元素2,…,元素n]
```

【例5-1】定义几个列表并输出列表。

程序代码如下：

```
mlist=['john', 'male', 75, 80, 98]
print(mlist)
verse=['春眠不觉晓', '处处闻啼鸟', '夜来风雨声', '花落知多少']
print(verse)
# 嵌套列表qlist中又嵌套了两个子列表
qlist=['lily', 18, ['语文', 78], ['英语', 88]]
print(qlist)
empty_list=[]  # 这是一个空列表empty_list
print(empty_list)
```

程序运行结果：

```
['john', 'male', 75, 80, 98]
['春眠不觉晓', 处处闻啼鸟, '夜来风雨声', '花落知多少']
['lily', 18, ['语文', 78], ['英语', 88]]
[]
```

注意：

① 表示空列表时，方括号不能缺少。

② 使用嵌套列表时左右方括号一定要闭合，否则会出现语法错误。

创建列表的第二种方式是使用list()函数，list()函数可以将接收的参数转换成列表，参数可以是字符串、元组、range对象或其他可迭代对象。

【例5-2】创建一个从2开始，到10结束，间隔大小为2的列表序列。

程序代码如下：

```
lt=list(range(2,11,2))
print(lt)    #结果为[2,4,6,8,10]
```

当list()函数的参数是字符串时，返回一个包含每个字符的列表。例如：

```
#列表内容为['p','y','t','h','o','n']
list('python')
```

2. 列表的访问

每一个在列表中的元素都有一个编号，称为索引，访问列表中特定元素时需要使用索引进行定位。索引编号从0开始递增，即第一个元素的索引为0，第二个元素的索引为1，依此类推。列表也可以从尾部开始访问，这时需要用负数表示元素的索引，最后一个元素的索引为-1，倒数第二个元素的索引为-2，依此类推，列表元素正索引和负索引的关系如图5-2所示。

正索引	0	1	2	…	*n*-3	*n*-2	*n*-1
列表	元素 1	元素 2	元素 3	…	元素 *n*-2	元素 *n*-1	元素 *n*
负索引	-*n*	-(*n*-1)	-(*n*-2)	…	-3	-2	-1

图 5-2　列表中元素的正负索引关系

通过索引访问列表中元素的语法格式如下：

```
列表[索引]
```

【例5-3】访问列表[2,4,6,8,10]中所有元素、第二个元素和最后一个元素。

程序代码如下：

```
#创建列表，运行结果为[2,4,6,8,10]
intList=list(range(2,11,2))
print(intList)              #返回列表所有元素
#返回列表第二个元素，注意元素索引从0开始
print(intList[1])
print(intList[-1])      #返回列表最后一个元素
```

程序运行结果：

```
[2, 4, 6, 8, 10]
4
10
```

任务分析

任务5.1中，可以用一个列表来存储学生的体温信息，判断哪些学生的体温大于37℃时，首先需要使用循环的方式遍历每位学生的体温，然后根据每位学生的体温进行条件判断，对满足条件的元素，将该数据输出到控制台中。

程序步骤：

① 创建一个一维列表存储学生体温信息。

② 循环访问列表中每位学生的体温，依次判断学生的体温是否大于37℃。

③ 如果体温满足大于37℃，则将学生的体温打印至控制台。

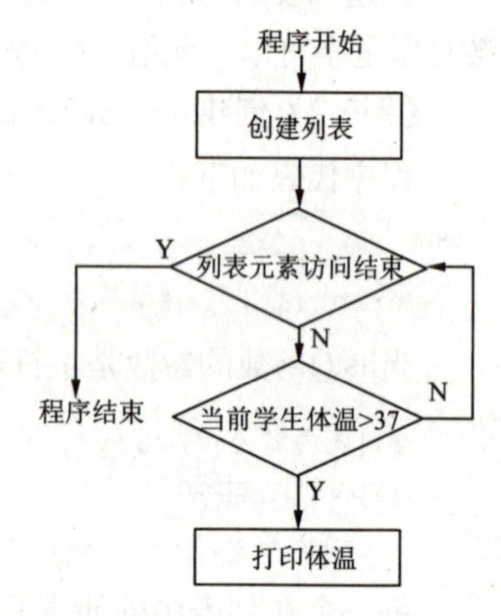

图 5-3　创建学生健康信息流程

任务实施

任务5.1存储学生健康信息的实施步骤如下：

1. 设计流程图

先设计任务5.1中存储学生健康信息的流程图，如图5-3所示。

2. 编写程序代码

将每个学生体温数据存放到一维列表students，通过for语句遍历列表students，如图5-4中所示，判断每个学生的温度是否大于37。如果大于37，输出该学生的体温数据，否则不输出任何信息。

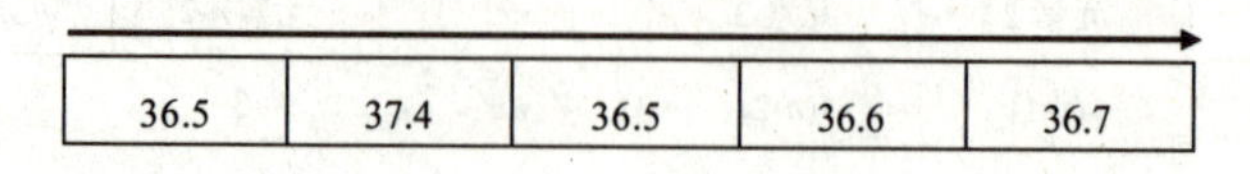

图 5-4　访问一维列表 students

程序代码如下：

```
students=[36.5, 37.4, 36.5, 36.6, 36.7]
```

```
for t in students:                          #循环遍历列表
    if t>37:                                #t代表每个学生的体温
        print('温度异常：',t)               #t代表每个学生的体温
```

程序运行结果：

```
温度异常：37.4
```

下面改进一下任务5.1，将学生体温信息调整为学生的健康信息，所有学生的健康信息统计后存储在二维表格5-2中。

表 5-2　学生健康信息表

学　号	姓　名	体　温	健康码颜色
2101011101	张三	36.5	绿色
2101011102	李四	37.2	绿色
2101011103	王五	36.8	绿色
2101011104	赵六	37.4	黄色

现要求将表中学生单日健康数据用列表进行存储，并输出温度超过37℃的学生名单。

解决办法是使用一个列表来存储每位学生的4个字段信息，格式如下：

```
[学号，姓名，体温，健康码颜色]
```

可以再用一个包含4个元素的列表来表示所有学生，格式如下：

```
[学生1，学生2,学生3,学生4]。
```

因此，要表示表格5-2中的全部数据需要用一个以列表为元素的列表来表示，即二维列表。在用二维列表实现数据存储后，要输出所有体温大于37℃的学生名单，需要通过循环对每个子列表中的第三个元素（体温）进行判断。

具体实现代码如下：

```
students=[['2101011101', '张三', 36.5, '绿色'],
          ['2101011102', '李四', 37.2, '绿色'],
          ['2101011103', '王五', 36.8, '绿色'],
          ['2101011104', '赵六', 37.4, '黄色']]
for stu in students:
    if stu[2]>37:  # 寻找每一个子列表中第二个元素值
        print(stu[1],"体温异常")
```

任务 5.2　更新学生健康档案——列表的操作

任务目标

本任务的目标是根据输入的操作类型、学生体温来更新存储的学生健康信息，操作

类型分为添加、更新和删除。

视 频

更新学生健康档案——列表的操作

知识准备

1. 列表的修改

因为列表是一种可修改序列集合，使用赋值符号“=”可以直接修改列表中每个元素的值。例如：

```
lt=[1, 123]
lt[1]=5
```

经过上述操作，列表的第二个元素的值将从123变为5。

2. 列表的遍历

遍历列表中所有元素最常用的方法是像任务5.1中那样利用循环的方式逐个进行读取。例如：

```
lt=[1, 2,3]
for i in lt:
    print(i)
```

但是，这种方式一般只适用于读取列表中元素数据时，如果想要更新元素的值，就需要使用索引。一种通用的做法是利用Python的两个内置函数：range()函数和len()函数。例如：

```
for i in range(len(lt)):
    lt[i]=lt[i]*2
```

其中，for循环体用于遍历和更新每个元素，len()函数用于计算列表中元素的个数n，range()函数会返回一个从0到n-1的索引列表，每次循环时变量i表示当前元素的索引号。

注意：如果遍历的是一个空列表，循环体内的语句一次也不会被执行。例如：

```
for i in []:
    print('这里永远不会被执行到!')
```

3. 列表的切片

列表的切片，也称截取操作，可以获取列表中一定范围内的多个元素，返回结果是包含所截元素的一个新列表。对列表进行切片的语法如下：

```
列表名[i:j]        #截取列表中第i个元素到第j-1个元素
```

注意：

① 列表名[i:j]中，Python规定截取列表时第i个元素可以取到，但第j个元素取不到。

② 列表名[i:j]中，i或j都可以省略。

列表在实现切片时，可以增加一个步长参数n，形成[i:j:n]的格式，其中i、j、n都可以取正负值，可以组合出很多巧妙应用。例如，对于列表lt = ['a', 'b', 'c', 'd', 'e']，切片（截取）操作的语法说明如表5-3所示。

表 5-3　列表切片（截取）操作语法说明

语法格式	说　明	案　例	案例结果
列表名 [i:j]	截取索引 i 到索引 j-1（不包括元素 j）	lt[1:3]	['b','c']
列表名 [i:]	截取从索引 i 开始到最后的元素	lt[2:]	['c','d','e']
列表名 [:j]	截取从索引 0 到索引 j-1 的元素	lt[:3]	['a','b','c']
列表名 [:]	截取列表中的全部元素	lt[:]	['a','b','c','d','e']
列表名 [i:j:n]	截取索引 i 至 j-1，且每隔 n 个截取一次	lt[1:4:2]	['b','d']
列表名 [::-1]	省略开始和结束值，步长为负值，将自右向左逆序输出全部元素	lt[::-1]	['e','d','c','b','a']

【例5-4】 将列表[1,2,3,4,5,6]中的第一个元素修改为9，将第三个到第五个元素的值修改为13、14、15。

程序代码如下：

```
lt=[1,2,3,4,5,6]
lt[0] = 9
lt[2:5]=[13, 14, 15]
```

程序运行结束后，列表lt中的元素将变为[9，2，13，14，15，6]。除了例题中的2种形式外，也可以搭配表5-3中的任意形式来修改指定范围内的元素值。

4. 列表的插入

向列表末尾添加元素的操作可以使用append()函数，其语法格式如下：

```
lt.append(新元素值)
```

【例5-5】 在例5-4所示的列表中最后添加一个新元素16。

程序代码如下：

```
lt.append(16)
print(lt)
```

程序运行结束后，列表lt被修改为：

```
[9, 2, 13, 14, 15, 6, 16]
```

5. 列表的删除

在Python中，有多种方式可以删除列表中的元素，第一种是将指定范围内的元素赋值为空列表。

【例5-6】 删除将例5-5所示列表中第三个到第四个元素。

程序代码如下：

```
lt[2:5]=[]
```

程序运行结束后，列表lt将变为[9，2，15，6，16]。如果想要删除列表中的所有元素，可以使用下面的方式：

```
lt[:]=[]
```

程序运行结束后，列表lt将变为一个空列表。

注意：将单个列表元素指定为空列表不能实现删除的效果。例如：

```
lt[0]=[]
```

这段代码实现的是列表的修改，将第一个元素从9变为[]，最终列表将变为：

```
[[], 2, 15, 6, 16]
```

如果想删除某个元素，可以用类似如下的语法实现：

```
lt[2:3]=[]#删除列表lt的第2个元素
```

第二种方式是利用del语句删除列表中的元素。del语句可以指定从索引a开始到索引b-1结束，每隔c个位置进行删除。其基本语法如下：

```
del lt[a:b:c]
```

注意：del是一条语句，不是函数，不要在其后添加小括号。

【例5-7】删除列表[a, b, c, d, e, f, g]中第三项至第七项且以2为步长的元素。

程序代码如下：

```
letters=['a', 'b', 'c', 'd', 'e', 'f', 'g']
del letters[2:7:2]
print(letters)
```

运行结果将显示['a', 'b', 'd', 'f']，可以发现，第三、五、七个元素c、e、g被删除了。

Python操作列表时，提供了很多现成的方法，表5-4罗列了常用的操作方法，在操作列表时如果恰当使用，可以大幅提高编程的效率。

表 5-4　列表常用操作方法汇总

方　法	作　用
s.append(x)	在列表 s 的末尾附加 x 元素
s.extend(s1)	在列表 s 的末尾添加列表 s1 的所有元素
s.sort()	对列表 s 中的元素排序
s.reverse()	将列表 s 中的元素逆序排列
s.pop([i])	删除并返回列表 s 中指定位置 i 的元素，默认是最后一个元素。若 i 超出列表长度，则抛出 IndexError 异常
s.insert(i,x)	在列表 s 的 i 位置处插入 x，如果 i 大于列表的长度，则插到列表最后
s.remove(x)	从列表 s 中删除 x，若 x 不存在，则抛出 ValueError 异常

6. 列表的加与乘操作

【例5-8】列表的运算加与乘操作。

程序代码如下：

```
lt1=[1, 2, 3, 4, 5]
```

```
lt2=["a", "b", "c", 6, 7, 8]
print(lt1+lt2)              #列表相加
print(lt1*2)                #列表重复输出2次
```

程序运行结果：

```
[1, 2, 3, 4, 5, 'a', 'b', 'c', 6, 7, 8]
[1, 2, 3, 4, 5, 1, 2, 3, 4, 5]
```

7. 列表解析/生成式

如果需要迅速生成整数平方的列表，当生成元素非常多时，逐个输入比较麻烦，此时可以使用列表解析式（也叫列表生成式）。列表解析式可以在一个列表的值上应用一个任意表达式，将其结果收集到一个新的列表中并返回。基本形式如下：

```
[表达式 for 目标1 in 可迭代对象]
```

中括号里面包含一条for语句对一个可迭代对象进行迭代，把要生成的元素表达式放到前面，后面跟for循环，就可以把列表创建出来。

【例5-9】使用解析式创建列表。

程序代码如下：

```
lt1=[x*x for x in range(1, 11)]
print(lt1)  #输出 [1, 4, 9, 16, 25, 36, 49, 64, 81, 100]
```

在列表解析式中，可以增加if语句和嵌套循环。在for循环后面加上if判断，就可以生成指定范围内偶数平方的列表元素：

```
lt2= [x*x  for x in range(1, 11) ifx%2==0]
print(lt2)  #输出[4, 16, 36, 64, 100]
```

可以使用多层嵌套的for循环共同生成列表元素，如使用两层循环，可以生成两个元素的全排列：

```
lt3=[m+n for m in 'ABC' for n in 'XYZ']
print(lt3)  #['AX', 'AY', 'AZ', 'BX', 'BY', 'BZ', 'CX', 'CY', 'CZ']
```

如果与if语句组合使用，还可以对生成的元素进行筛选：

```
lt4=[m+n  for m in 'ABC'  for n in 'XYZ'  if m=='A']
print(lt4)  #输出['AX', 'AY', 'AZ']
```

for循环可以同时使用两个甚至多个变量，也可以使用多种形式生成列表：

```
lt5=[(x, y) for x in range(1, 3) for y in range(1, 3)]
print(lt5)  #输出[(1, 1), (1, 2), (2, 1), (2, 2)]
lt6=[(x, y) for x, y in [(1, 2), (3, 4), (5, 6)]]
print(lt6)  #输出[(1, 2), (3, 4), (5, 6)]
lt7=[(x, x*x) for x in range(1, 5)]
print(lt7)  #输出[(1, 1), (2, 4), (3, 9), (4, 16)]
```

任务分析

在任务5.1中，张三利用列表存储了学生的体温信息。任务5.2将根据输入的操作类型和最新收集到的学生体温信息来更新相关数据，操作类型包括添加新学生的体温数据、更新已有学生的体温数据和删除已有的学生体温记录。

程序步骤：

① 输入操作类型。

② 判断操作类型是否为添加操作。

③ 如果是添加操作，在列表最后插入新的学生体温数据。

④ 如果不是添加操作，判断是否是删除操作。

⑤ 如果是删除操作，循环找到该学生的索引位置，将数据删除。

⑥ 如果不是前两种操作，判断是否为更新操作。

⑦ 如果是更新操作，循环查找到该学生的索引位置，将数据进行替换。

⑧ 如果是esc则退出程序。

⑨ 输出最终学生体温数据。

任务实施

任务5.2更新学生体温信息的实施步骤主要有以下几步：

1. 设计流程图

任务5.2更新学生体温信息的流程如图5-5所示。

2. 编写程序代码

为了简化程序输入，这里定义了变量opt指定当前需要执行的操作，变量t用来存放需要操作的新数据，变量i用来标识要修改或删除元素的索引位置。

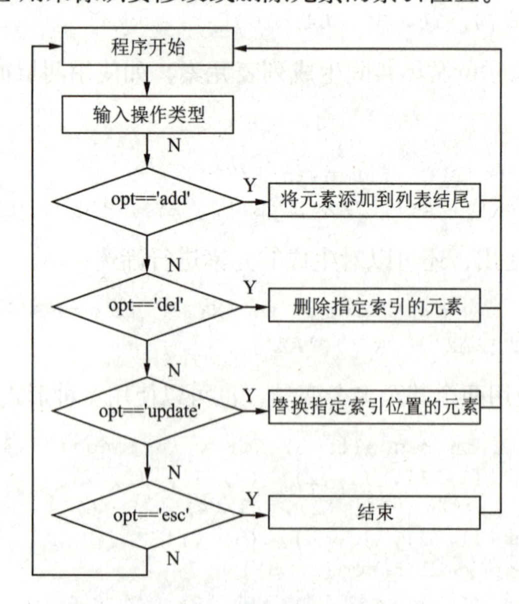

图 5-5　更新学生体温信息流程

任务5-2.py程序代码如下：

```
students=[36.8, 37.4, 36.5, 36.6, 36.7]
print("列表最初状态：", students)
while True:
    #输入add、update或del，退出输入esc
    opt=input("请选择输入(add/update/del/esc):")
    if opt=='add':
        t=eval(input("请输入要添加的数据："))
        students.append(t)    #将输入的数据添加到列表末尾
        print("列表添加数据后的状态：", students)
    elif opt=='del':
        i=eval(input(f"要删除第几个（0～{len(students)-1}):"))
                              #输入要删除的位置
        del students[i]       #删除列表中指定位置的元素
        print("列表删除数据后的状态：", students)
    elif opt=='update':
        i=eval(input(f"要修改第几个（0～{len(students)-1}):"))
        t=eval(input("请输入新数据："))
        students[i]=t         #修改列表中指定位置的元素
        print("列表修改数据后的状态：", students)
    elif opt=='esc':  #退出
        break
print('最终的列表元素为：', students)
```

程序运行结果：

```
列表最初状态：[36.8, 37.4, 36.5, 36.6, 36.7]
请选择输入(add/update/del/esc):add
请输入要添加的数据：40
列表添加数据后的状态：[36.8, 37.4, 36.5, 36.6, 36.7, 40]
请选择输入(add/update/del/esc):update
要修改第几个（0～5):5
请输入新数据：38
列表修改数据后的状态：[36.8, 37.4, 36.5, 36.6, 36.7, 38]
请选择输入(add/update/del/esc):del
要删除第几个（0～5):3
列表删除数据后的状态：[36.8, 37.4, 36.5, 36.7, 38]
请选择输入(add/update/del/esc):esc
最终的列表元素为：[36.8, 37.4, 36.5, 36.7, 38]
```

任务5.3　设计咖啡店自动服务员——元组的创建与访问

任务目标

设计一款自动服务员程序，向来到咖啡店的客户介绍本店提供的咖啡清单：卡布奇诺、黑咖、冷萃、摩卡和拿铁。

视频

咖啡店自动服务员——元组的创建与访问

知识准备

1. 元组的创建和访问

(1) 元组与列表

Python 中的元组tuple与列表类似，不同之处在于元组的元素不能修改，可以理解为只读的列表。

元组与列表的区别如下：

① 形式上：元组使用小括号定义用逗号分隔的元素，而列表中的元素应该包括在中括号中。虽然元组使用小括号，但访问元组元素时，要使用中括号按索引或分片来获得对应元素的值。

② 含义上：元组是不可变的序列类型，能对不需要改变的数据进行写保护，使数据更安全。列表是可变的序列类型，可以添加、删除或搜索列表中的元素。

③ 元组可以在Python的字典中当作关键字使用，而列表不能当作字典关键字使用，因为列表不是不可改变的。

创建元组和创建列表的方式基本一致，可以使用赋值运算符也可以使用内置的tuple()函数创建，元素的类型同样可以是不同的。

(2) 创建元组

格式一：利用赋值方式。

```
元组名=(元素1,元素2,…,元素n)
```

只需要在小括号中添加元素，并使用逗号隔开即可。例如：

```
tp1=(1,2,3,4,5)
```

格式二：使用tuple()函数。

```
元组名=tuple (参数)
```

将接收的参数转换成列表，参数可以是字符串、列表、range对象或其他可迭代对象。例如：

```
lt1=[1, 2, 3, 4, 5]
tp1=tuple(lt1)            #将列表转换为元组
```

需要注意的是，利用赋值运算符创建元组时，小括号可以省略，只有一个元素的，需要在元素后添加一个逗号，否则元素会被转义成数字或者字符。例如：

```
tuple1='a', 'b', 'c', 'd'
tuple2=tuple(range(1, 4))
tuple3=('a',)
print(type(tuple3))              #输出<class 'tuple'>
tuple4=('a')
print(type(tuple4))              #输出<class 'str'>
#省略小括号的元组，一个元素时后面一定要加逗号，否则会当成普通变量
```

```
tuple5='a',
print(type(tuple5))              #输出<class 'tuple'>
tuple6='a'
print(type(tuple6))              #输出<class 'str'>
```

运行程序后，注意观察输出结果的类型：

```
<class 'tuple'>
<class 'str'>
<class 'tuple'>
<class 'str'>
```

访问元组类似于访问列表，可以使用索引值来访问，支持正索引和负索引，元组切片支持的形式同列表一致。

2. 元组的操作

使用元组时一定要注意，元组内的元素一旦定义就不支持修改，因此无法完成如下操作：

① 添加元素：没有append()、extend()或insert()方法。

② 删除元素：没有pop()或remove()方法。

③ 修改元素：没有sort()或reverse()方法。

注意： 尽管不可以修改元组的元素，但可以使用 del 语句删除整个元组。

例如：

```
tuple1=(1, 2, 3)
tuple1[0]=11
```

上述修改元素操作是非法的，程序运行时会出现类似如下所示的错误信息：

```
Traceback (most recent call last):
  File "D:/Projects/python/pythonProject/a.py", line 2, in <module>
    tuple1[0]=11
TypeError: 'tuple' object does not support item assignment
```

虽然元组的单个元素值不能修改，但是如果元组内的元素值是可变对象，例如元组元素是列表，列表内的元素是可以修改的。例如：

```
tuple1=([1, 2], 3, 4)
tuple1[0][0]=0
print(tuple1)    #输出 ([0, 2], 3, 4)
```

程序运行时并不会提示错误，运行结束后，元组tuple1将变成([0, 2], 3, 4)。

任务分析

任务5.3中，咖啡店提供的咖啡清单一般是固定不变的，并且不希望其他人能够对它进行修改，所以这里使用元组结构对其进行存储。每次有客户光临时，程序自动遍历咖啡元组，将本店能够提供的咖啡展示给客户。

程序步骤：

① 创建一个元组结构存储咖啡信息。

② 循环元组，向客户展示每款咖啡的名称。

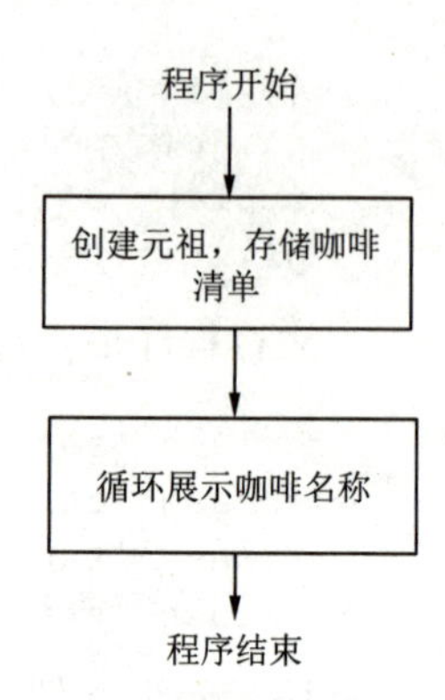

图 5-6 咖啡店自助服务员流程

任务实施

任务5.3咖啡店自动服务员的实施步骤如下：

1. 设计流程图

任务5.3咖啡店自动服务员的流程如图5-6所示。

2. 编写程序代码

```
menu=('卡布奇诺', '黑咖', '冷萃', '摩卡', '拿铁')
print('欢迎光临本店，本店为您提供以下咖啡：')
for item in menu:
    print(item)
print('请问您需要什么？')
```

程序运行结果：

```
欢迎光临本店，本店为您提供以下咖啡：
卡布奇诺
黑咖
冷萃
摩卡
拿铁
请问您需要什么？
```

任务 5.4 句中单词的翻转——字符串的创建与操作

视频

句中单词的翻转——字符串的创建与操作

任务目标

小林有一个爱好，他会在每天早晨阅读英文杂志，并将喜欢的句子摘录下来。有一天，他的朋友小明向他借阅摘录的笔记翻看。但小明发现有一些句子读不懂，例如today day nice a what。后来他才发现，原来是小林把这句话的单词顺序写反了，正确的顺序应该是“what a nice day today”。请帮忙设计一款程序，把所有写反的句子自动翻转过来。

知识准备

1. 字符串的创建

Python中的字符串是引号括起来的任意字符序列，引号可以是单引号、双引号或者三引号（3个单引号或3个双引号），3种形式的引号在语义上是没有区别的，区别在于前两种引号包含的内容必须在一行内写完，而三引号内的内容可以跨多行书写。如果字符串本身包含引号，可以使用反斜杠“\”对引号进行转义。Python不支持单字符类型，单字符是作为一个字符串使用。

Python中字符串的创建非常简单，使用赋值运算符给变量分配一个值即可。例如：

```
s='Hello'
```

字符串s中各个字符的索引编号像列表或元组一样，具有正索引和负索引，如图5-7所示。

s[0]	s[1]	s[2]	s[3]	s[4]
H	e	l	l	o
s[-5]	s[-4]	s[-3]	s[-2]	s[-1]

图 5-7　字符串与其索引编号

2. 字符串的访问和截取

字符串中的每个元素都是一个字符，字符串可以理解为由单个字符作为元素组成的一种特殊元组，不能通过赋值的方式修改字符串中的某个字符。可以使用方括号和索引的方式访问字符串中的单个字符，也可以用类似截取元组的方式来截取字符串。

访问字符串中单个字符的语法如下：

```
字符串名[索引]
```

截取字符串元素的基本语法如下：

```
字符串名[起始索引:结束索引:步长]
```

截取出的字符串不包含结束索引位置的字符，步长为正数表示从左往右截取，默认为1，为负数时表示从右往左反向截取。

【例5-10】访问和截取字符串。

程序代码如下：

```
word='python'                        #定义字符串
print(word)
print(word[0])                       #输出字符串第一个字符
print(word[:])                       #字符串的所有字符
print(word[::])                      #字符串的所有字符
print(word[0:2])                     #第一、二个字符
print(word[1:-1])                    #从第二个字符到倒数第一个字符
print(word[-4:-2])                   #从倒数第四个字符到倒数第二个字符
print(word[-2:-4:-1])                #从倒数第二个字符到倒数第四个字符
print(word[2:])                      #从第三个字符到最后
print(word[:4])                      #从开头到第三个字符
```

程序运行结果：

```
python
```

```
p
python
python
py
ytho
th
oh
thon
pyth
```

3. 字符串的拼接

① 直接用“+”连接两个字符串：

```
'Jim'+'Green'='JimGreen'
```

② 两个字符串用“逗号”隔开，那么这两个字符串将被连接，字符串之间会多出一个空格：

```
'Jim', 'Green'='Jim Green'
```

③ 两个字符串放在一起，自动连接为一个字符串：

```
'Jim''Green'='JimGreen' #中间有空白或者没有空白
```

④ s.join(seq)：将序列seq中的元素以指定的字符s连接生成一个新的字符串。例如，将列表连接成单个字符串，且元素间的分隔方式设置为逗号。

```
hobbies=["basketball", "football", "swimming"]
print(", ".join(hobbies))
```

程序运行结果：

```
basketball, football, swimming
```

4. 检索字符串

检索字符串可以使用find()函数和index()函数。find()函数的基本语法如下：

```
find(str[, start=0[, end=len(string)]])
```

find()函数将检测原始字符串内是否包含指定的str字符串，如果包含则返回第一次出现str字符串的索引位置，如果不包含则返回-1。可选参数start和end用来指定查找的起始和终止位置。除了find()函数外，Python还提供了一个rfind()函数，该函数的功能同find()函数一致，区别在于rfind()函数是从字符串的右边开始往左边进行查找。

index()函数实现的功能与find()函数类似，也是用来检索是否包含指定字符串，不同点在于index()函数如果找不到指定字符串会抛出异常，而不是返回-1。其基本语法如下：

```
index(str[, start=0[, end=len(string)]])
```

同样，Python也提供了从右往左查询的rindex()函数。

【例5-11】寻找字符串s中的子字符串str出现的起始位置。

程序代码如下：

```
s="我爱你中国!"
str="中国"
i=s.find(str)
print(f"在'{s}'字符串的第{i}个位置找到'{str}'")
i=s.rfind(str)
print(f"在'{s}'字符串的第{i}个位置找到'{str}'")
i=s.index(str)
print(f"在'{s}'字符串的第{i}个位置找到'{str}'")
str="国家"
i=s.index(str)  #此句会报异常
print(f"在'{s}'字符串的第{i}个位置找到'{str}'")
```

注意：字符串的位置是从 0 开始计算，上面程序的运行结果如下：

```
在'我爱你中国！'字符串的第3个位置找到'中国'
在'我爱你中国！'字符串的第3个位置找到'中国'
在'我爱你中国！'字符串的第3个位置找到'中国'
Traceback (most recent call last):
File "D:\j教学材料\python\教材\版本\素材\5列表与元组\5-9.py", line 10, in
<module>
i=s.index(str)
ValueError: substring not found
```

5. 分割字符串

Python提供了split()函数来完成分割字符串的功能，根据指定的分隔符将原始字符串分隔成若干子串，其返回值为子串组成的列表。其基本语法如下：

```
split(sep[, max=string.count(str)])
```

其中，sep是用于分隔的分隔符，默认为None，可以指定为任意的字符串，包括空格、换行符、制表符等。max是可选参数，表示分隔的次数，不指定或者为-1时表示不限制次数，否则返回的列表中最多有max个元素。

【例5-12】对字符串进行各种分隔。

程序代码如下：

```
str="sina.com.cn"
print(str.split())                          #默认用空格分割
print(str.split(".",-1))                    #不限制分隔次数
print(str.split(".",0))                     #分隔0次
print(str.split(".",1))                     #分隔1次
print(str.split(".",2))                     #分隔2次
```

程序运行结果：

```
['sina.com.cn']
['sina', 'com', 'cn']
['sina.com.cn']
```

```
['sina', 'com.cn']
['sina', 'com', 'cn']
```

6. 替换字符串

替换字符串中的部分内容也是字符串常用的操作之一，Python提供了replace()函数用于替换字符串中的部分字符。基本语法如下：

```
replace(str1, str2[, max])
```

replace()函数会将原始字符串中的str1子串替换为str2，max是可选参数，表示最多替换max次。

【例5-13】替换字符串中的部分字符。

程序代码如下：

```
str="hello world"
print(str.replace("world", "python"))
```

程序运行结果：

```
hello python
```

7. 计算字符串长度

计算字符串长度可以使用Python内置的len()函数。基本语法如下：

```
len(string)
```

len()函数会返回字符串的长度，默认情况下函数不会区别字符串中的英文字符、数字和汉字，每个字符的长度均为1。

任务分析

要完成任务5.4有很多种方式，本节讲解一种最容易理解的方法。为了简化操作，这里将标点符号当作普通字母一样处理。

程序步骤：

① 先将句子内的单词利用分隔符进行拆分，拆分成若干单词组成的列表。

② 利用列表的反向遍历获得翻转后的新列表。

③ 利用空格符将新列表中的单词重新组合成翻转后的句子。

任务实施

输入类似“today day nice a what”的句子，将其翻转成正常顺序的句子，具体实施步骤如下：

1. 设计流程图

任务5.4单词的翻转的流程如图5-8所示。

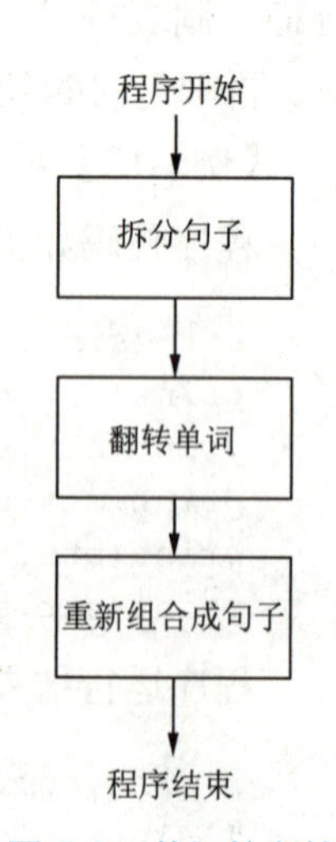

图 5-8 单词的翻转流程

2. 编写程序代码

```
str='today day nice a what'
split_list=str.split(' ')                    #用空格分隔字符串
reversal_list=split_list[-1::-1]             #将列表元素逆序
new_str=' '.join(reversal_list)              #列表元素用“.”连接
print(new_str)
```

程序运行结果：

```
what a nice day today
```

单元小结

本单元主要介绍了Python的3种序列结构，分别是列表、元组和字符串。依次介绍了如何创建3种数据结构、如何增删元素、如何使用它们各自的常用函数完成程序设计任务。学习时要特别小心切片边界的“左闭右开”问题，同时注意不可修改元组和字符串的元素。

课后练习

1. 有如下值列表 [12, 15, 28, 49, 56, 87, 91, 100], 将所有大于 50 的值保存至元组 a 中，将小于 50 值保存至第二个元组 b 中。

2. 现有商品列表 [" 毛巾 ", " 牙刷 ", " 洗面奶 ", " 杯子 ", " 漱口水 "]，请根据用户输入的序号显示选中的商品名称。

3. 有两个列表 lt1=[12, 14, 15]，lt2=[14, 15, 16]，请分别完成以下任务：

（1）显示两个列表中相同的元素。

（2）显示 lt1 中有但是 lt2 中没有的元素。

4. 身份证号中隐藏着很多信息，如 32010219990518011X，其中波浪线部分表示出生日期，倒数第 2 位（下画线部分）是奇数表示男性，是偶数表示女性。请编程实现输入身份证号，并根据该身份证号输出格式类似“出生日期是：1999 年 05 月 18 日，性别是：男”的结果。

第 6 单元

字典与集合

知识目标

- 了解字典和集合的基本概念。
- 了解字典和集合的无序性。
- 熟悉字典和集合的创建和常用操作函数。

能力目标

- 能够为字典结构选择合适的键作为索引。
- 能够运用字典和集合的常用函数进行程序设计。

列表在存取数据时需要记住每个元素存储的位置（索引），才能准确找到指定的元素。想要找到一个事先不知道索引位置的元素可能需要遍历整个列表，当数据量逐渐增多后，这样的访问方式会极大地影响程序执行效率。

Python提供了一个可以根据特定关键字段访问元素的结构——字典，字典结构的出现，使程序设计人员可以实现类似根据用户的姓名、学生的学号或图书的ISBN编码快速找到指定的内容。此外，Python还提供了一个可以自动消除重复数据的结构——集合。

任务 6.1 实现每日菜品清单——字典的创建和修改

任务目标

小王是某园区食堂的经理，为了提高人气，他计划每周日晚上在食堂公众号上录入下一周周一到周五的菜品清单。同时，客户可以通过输入数字1～5提前知道每天的菜品，请帮助小王完成这个任务。

菜品清单如表6-1所示。

表 6-1　菜品清单

日　期	菜　品
周一	清蒸腊鸡腿、西葫芦炒肉片、酱油菠菜
周二	面筋酿肉、黄瓜烧海白虾、榨菜肉丝汤
周三	笋干红烧肉、鱼香茄子、菌菇大青菜
周四	清蒸青鱼块、宫保鸡丁、干锅花菜
周五	红烧土豆草鸡块、开洋烧冬瓜、紫菜蛋花汤

知识准备

字典是一种表示映射关系的数据结构，用花括号“{}”标识，字典内的每个元素都是一个“键:值”对。不同于列表的有序性，字典是一种无序的对象，元素之间没有顺序关系，对字典元素的访问需要使用“键”来完成，而不是索引。图6-1所示为键值对示意图。

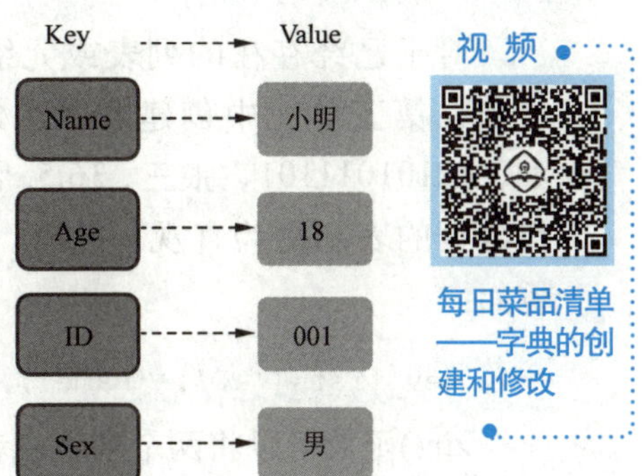

图 6-1 “键 : 值”对示意图

1. 字典的创建

字典是一种无序的键值对集合，以“键”作为索引，一个键对应一个“值”，值可以是Python支持的任意类型。字典的创建方式主要分为两种：第一种是使用赋值运算符和花括号来创建；第二种是使用dict()函数。

(1) 使用赋值运算符和花括号创建字典

创建字典时，将所有元素都放在花括号“{}”内，每个元素以key:value的形式组成，键和值之间使用冒号“:”分隔，元素和元素之间使用逗号“,”分隔，其基本语法如下：

```
dictionary={key1:value1, key2:value2, key3:value3,…, keyn: valuen}
```

注意：

① 同一个字典中，键必须是唯一的。如果创建字典时出现重复的键，后出现的值会覆盖之前的值。

② 字典的键必须是不可变类型，可以用数字、字符串或者元组。

③ {}表示空字典。

【例6-1】 用字典存储小明的个人信息：姓名——小明，性别——男，年龄——16，身高——163 cm。

程序代码如下：

```
dictionary={ 'name': '小明', 'sex': '男', 'age': 16, 'height': '163cm'}
print(dictionary)
```

程序运行结果：

```
{'name': '小明', 'sex': '男', 'age': 16, 'height': '163cm'}
```

（2）使用dict()函数创建字典

Python提供了dict()函数来创建字典，使用键参数来传递需要的内容，其基本语法如下：

```
dictionary=dict(key1=value1, key2=value2, key3=value3,…, keyn=valuen}
```

如下代码与例6-1具有相同的效果：

```
dictionary=dict(name='小明', sex='男', age=16, height='163cm')
```

对于已经存在的列表或元组数据，可以使用dict()函数和zip()函数配合来创建字典。第五单元中创建的学生健康信息，每位学生的数据是用列表来存储的，例如，['2101011101', '张三', 36.5, '绿色']。可以使用字典来存储相同的学生信息，这会使得数据的表示更为直观。此时，需要再定义一个列表存储字典中所有使用的“键”。例如：

```
key_list=['ID', 'name', 'temperature', 'HealthCode']
```

zip()函数可以将两个列表或者元组对应位置上的元素进行匹配，组成新的元组，并返回包含这些新元素的zip对象。如果将键所在列表和值所在列表通过zip()函数组合，再将组成的zip对象提供给dict()函数，可以得到一个字典。

以存储健康码为示例，研究zip()函数的使用方法。

【例6-2】使用zip()函数将下列两个列表组成一个新字典：

键列表['ID','name','temperature','HealthCode']

值列表['2101011101','张三',36.5,'绿色']。

程序代码如下：

```
key_list=['ID', 'name', 'temperature', ' HealthCode']
value_list=['2101011101', '张三', 36.5, '绿色']
dictionary=dict(zip(key_list, value_list))
print(dictionary)
```

程序运行结果：

```
{'ID': '2101011101', 'name': '张三', 'temperature': 36.5, 'HealthCode':
'绿色'}
```

2. 字典的遍历

字典内的元素以键作为索引进行访问，可以使用方括号“[]”或get()函数来获得指定键对应的元素值。

【例6-3】使用方括号“[]”或get()函数遍历字典{'ID':'2101011101', 'name':'张三','temperature': 36.5,'HealthCode':'绿色'}。

程序代码如下：

```
dict={'ID': '2101011101', 'name': '张三','temperature':36.5,
'HealthCode': '绿色'}
    print(dict['ID'])                    #通过方括号和键查询
    print(dict.get('name'))              #通过get()函数和键查询
    print(dict)                          #输出完整的字典
    # print(dict['sex'])                 #键不存在时会出现错误信息
```

程序运行结果：

```
2101011101
张三
{'ID': '2101011101', 'name': '张三', 'temperature': 36.5, 'HealthCode':
'绿色'}
```

如果程序中最后一行代码取消注释，则会出现错误：

```
2101011101
张三
{'ID': '2101011101', 'name': '张三', 'temperature': 36.5, 'HealthCode':
'绿色'}
Traceback (most recent call last):
    File "D:\j教学材料\python\教材\版本\素材\6字典\6-3.py", line 5, in <module>
    print(dict['sex']) #键不存在时会出现错误信息
KeyError: 'sex'
```

原因是最后一行要查询不存在的键，将得不到结果。

使用字典的items()、keys()和values()函数可以分别获得字典的全部键值对列表、键列表和值列表，再配合for循环可以遍历整个字典对象。

【例6-4】使用字典的items()、keys()和values()函数遍历dict字典所有键和值。

程序代码如下：

```
dict={'ID': '2101011101', 'name': '张三', 'temperature':36.5,
'HealthCode': '绿色'}
    for i in dict.keys():                #遍历所有键
        print(i)
    for i in dict.values():              #遍历所有值
        print(i)
    for key, value in dict.items():      #遍历所有键/值对
        print(key, value)
```

程序运行结果：

```
ID
name
temperature
HealthCode
2101011101
```

```
张三
36.5
绿色
ID 2101011101
name 张三
temperature 36.5
HealthCode 绿色
```

3. 字典的添加和修改

字典的添加和修改都可以使用赋值运算符实现，向字典内添加元素的基本语法如下：

```
字典[键]=值
```

其中，键必须是唯一的，并且是不可变对象。如果赋值时“键”已经存在，则会覆盖该键对应的“值”，相当于对字典的元素实现了更新。

【例6-5】将字典中小明的年龄修改为17，并添加体重数据weight——43 kg，待处理的字典是{'name':'小明','sex':'男','age':16,'height':'163cm'}。

程序代码如下：

```
dictionary=dict(name='小明', sex= '男',age=16, height='163cm')
dictionary['age']=17
dictionary['weight']='43kg'
print(dictionary)
```

程序运行结果：

```
{'name': '小明', 'sex': '男', 'age': 17, 'height': '163cm', 'weight':
'43kg'}
```

4. 字典的删除

使用del语句可以删除字典内的某个元素，也可以删除整个字典。使用clear()函数可以清空字典，pop()函数可以删除并返回指定元素。

【例6-6】使用del和clear()删除例6-5中的dictionary字典。

程序代码如下：

```
dictionary=dict(name='小明',sex='男',age=16,height='163cm')
del dictionary['sex']                    #删除字典里的元素
print(dictionary)
dictionary.clear()                       #删除字典里的元素
print(dictionary)
del dictionary                           #直接删除整个字典
#print(dictionary)                       #字典已经被删除了，这行会出错
```

程序运行结果：

```
{'name': '小明', 'age': 16, 'height': '163cm'}
{}
```

如果去掉最后一行的注释，程序会抛出错误：

```
Traceback (most recent call last):
```

```
    File "/Users/lwj/PycharmProjects/pythonProject/main.py", line 7, in <module>
      print(dictionary)
  NameError: name 'dictionary' is not defined
  {'name': '小明', 'age': 16, 'height': '163cm'}
  {}
```

原因是del dictionary执行后会将字典从内存中删除，该对象已经不存在了。

任务分析

任务6.1中，利用列表或者元组可以按照顺序存储每日的菜品，但是这种序列结构需要记住每个位置对应的具体内容，不便于小王进行日常的维护管理。为方便输入，建立一个字典，映射输入数字和对应周几，如输入“3”对应“周三”。再建立一个周几与菜单的字典，映射“周一”至“周五”和每日菜单。当输入数字1～5时，用字典映射至“周一…周五”，再从“周一…周五”映射到当日菜单。

程序步骤：

① 创建一个字典用来存储每日菜单。

② 接收用户输入，在字典中查询某天的菜单。

③ 输出菜单信息。

程序开始 → 创建字典变量 → 添加一周菜品 → 接收用户输入 → 输出单日菜谱 → 结束

图 6-2　食堂每日菜品清单流程

任务实施

任务6.1食堂每日菜品清单的实施步骤如下：

1. 设计流程图

任务6.1食堂每日菜品清单的流程如图6-2所示。

2. 编写程序代码

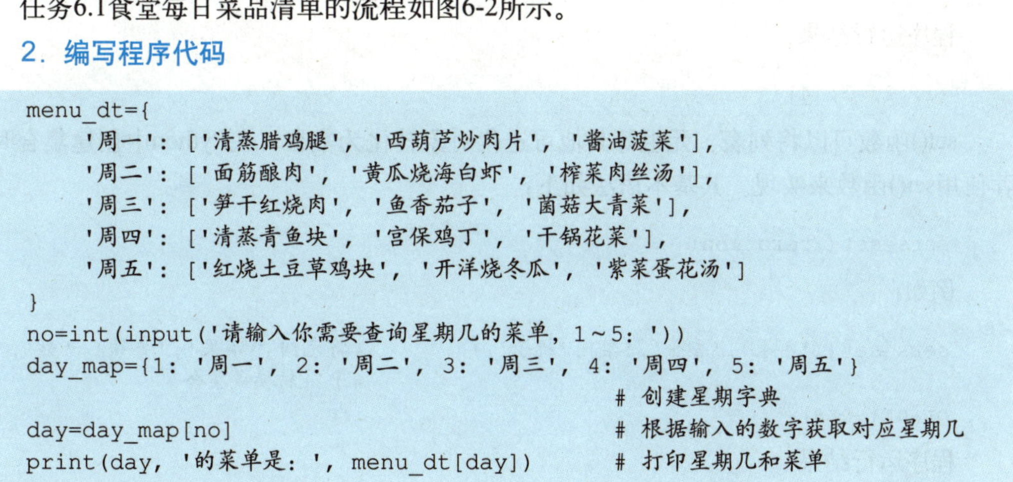

```
menu_dt={
    '周一': ['清蒸腊鸡腿', '西葫芦炒肉片', '酱油菠菜'],
    '周二': ['面筋酿肉', '黄瓜烧海白虾', '榨菜肉丝汤'],
    '周三': ['笋干红烧肉', '鱼香茄子', '菌菇大青菜'],
    '周四': ['清蒸青鱼块', '宫保鸡丁', '干锅花菜'],
    '周五': ['红烧土豆草鸡块', '开洋烧冬瓜', '紫菜蛋花汤']
}
no=int(input('请输入你需要查询星期几的菜单，1～5: '))
day_map={1: '周一', 2: '周二', 3: '周三', 4: '周四', 5: '周五'}
                                                  # 创建星期字典
day=day_map[no]                                   # 根据输入的数字获取对应星期几
print(day, '的菜单是: ', menu_dt[day])            # 打印星期几和菜单
```

程序运行结果：

```
请输入你需要查询星期几的菜单，1～5: 3
```

```
周三 的菜单是：['笋干红烧肉', '鱼香茄子', '菌菇大青菜']
```

任务 6.2 挑选问卷参与人——集合的创建和操作

视频

挑选问卷参与人——集合的创建和操作

任务目标

辅导员为了了解学生的情况，想请一些学生来做一项调查问卷。为了调查的客观性，他想出了一套选择学生的策略。首先对学生编号（1～1 000），确定一个整数*n*（如100），1～1 000之间随机生成整数，对于其中重复的数字只保留一个，循环生成*n*个不同的整数编号。然后，把这些整数编号从小到大排序，按照顺序邀请对应的学生来做调查。请设计一个程序帮助辅导员完成这项任务。

知识准备

同字典类似，集合也是一种无序的数据结构。同时，不同于列表和元组，集合内的元素是不重复的。

1. 集合的创建

集合的创建可以使用花括号“{}”或set()函数完成。其基本语法如下：

```
sets={element1, element2, element3, element4,…, elementn}
```

如果创建时元素出现重复，Python会自动只保留一个在集合中。例如：

```
sets={1, 2, 3, 4, 1}
print(sets)
```

程序运行结果：

```
{1, 2, 3, 4}
```

set()函数可以将列表、元组等其他可迭代对象转化为集合，在Python中创建集合时推荐使用set()函数来实现。其基本语法如下：

```
sets=set(iteration)
```

例如：

```
sets=set(('苹果','香蕉','梨','桃子'))          #将元组('苹果','香蕉','梨','桃
                                               #子')转换成集合
print(sets)
```

程序运行结果：

```
{'梨', '香蕉', '苹果', '桃子'}
```

空集合只能使用set()函数创建，因为{}默认是创建一个空字典，可以使用以下程序

进行测试：

```
d1={}
print(type(d1))   #输出字典类型<class 'dict'>
d2=set()
print(type(d2))   #输出集合类型<class 'set'>
```

2. 集合的添加

添加集合的元素可以使用add()方法或update()方法。

(1) add()方法

语法如下：

```
#将元素 x 添加到集合sets中，如果元素已存在，则不进行任何操作
sets.add(x)
```

add()方法添加的元素必须是不可变元素，如字符串、数字、元组或者布尔值等，不能添加列表、字典、集合这类可变的数据，否则Python会报TypeError错误。如果元素已经存在，Python不会进行任何操作。例如：

```
sets=set(('苹果', '香蕉'))                    #相当于sets={'苹果', '香蕉'}
sets.add('桃子')                              #增加元素
sets.add('苹果')                              #不会添加重复元素
print(sets)                                   #{'苹果', '香蕉', '桃子'}
```

程序运行结果：

```
{'香蕉', '苹果', '桃子'}
```

(2) update()方法

用法如下：

```
#update的参数x必须是可迭代对象，如列表、集合、字符串等序列set.update(x)
```

update()方法添加集合元素的简单示例如下：

```
sets={'苹果','香蕉'}
sets.update(['桃子','李子'])                  #添加一个列表
print(sets)
```

程序运行结果：

```
{'桃子', '苹果', '李子', '香蕉'}
```

3. 集合的删除

使用remove()方法可以删除集合内的指定元素，如果元素不存在则会抛出错误信息。其基本语法如下：

```
sets.remove(x)
```

例如：

```
sets=set(('苹果','香蕉'))
sets.remove('香蕉')
```

```
print(sets)
```

程序运行结果：

```
{'苹果'}
```

discard()方法也可以删除指定元素，不同点在于：如果元素不存在，discard()方法不会抛出错误。除此之外，使用pop()方法可以随机删除一个元素，clear()方法可以清空集合的所有元素。

不同集合之间还可以进行运算，如集合A与集合B，可以进行交集（$A\&B$）、并集（$A|B$）、差集（$A-B$）、补集（A^B）等运算。

任务分析

任务6.2的本质是随机生成100个1～1 000之间不同的随机整数，重点在于将生成的整数进行去重，以保证参加问卷调查的学生每人只参与一次。为确保生成n个不同的随机编号，本任务通过循环生成一个随机编号后就放入一个集合，并检测集合内元素个数是否达到n，如果小于n就继续生成，直到生成n个编号结束循环，排序并输出结果。

程序步骤：

① 创建一个空集合用于存放生成的整数，指定生成次数n。

② 随机生成一个1～1 000之间的整数，将整数添加到集合中。

③ 当集合中元素的个数不足n个时，重复第②步。

④ 对集合内的整数从小到大排序并存放到新集合中。

⑤ 打印排序后新集合内的n个元素。

任务实施

具体的实施步骤如下：

1．设计流程图

挑选问卷调查参与人的流程，如图6-3所示。

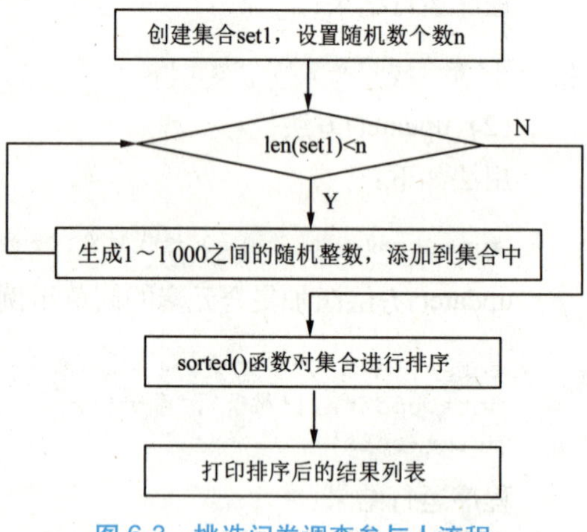

图 6-3　挑选问卷调查参与人流程

2．编写程序代码

```
import random                          #引入随机数模块
n=100                                  #定义变量n，用于设置随机数的个数
sets=set()                             #创建一个空集合
while len(sets) < n:                   #循环产生n个随机数
    # 生成1~1 000之间的随机整数，添加到集合中
    sets.add(random.randint(1, 1000))
sort_set=sorted(sets)                  #sorted()函数对集合进行排序
print(f"随机选择了{n}个人，编号是{sort_set}")  #打印结果
```

程序运行结果：

```
随机选择了100个人,编号是[1, 4, 10, 16, 32, 43, 46, 53, 72, 75, 93, 94, 96, 111, 133, 139, 141, 154, 161, 173, 184, 220, 230, 245, 256, 258, 263, 289, 291, 292, 317, 323, 324, 325, 328, 331, 335, 345, 349, 350, 366, 374, 407, 408, 417, 421, 423, 439, 443, 451, 473, 475, 481, 489, 494, 497, 503, 506, 508, 512, 553, 577, 580, 596, 619, 643, 652, 654, 655, 663, 665, 672, 675, 678, 692, 699, 703, 732, 764, 785, 787, 792, 807, 815, 822, 823, 824, 825, 827, 848, 865, 892, 895, 900, 905, 914, 923, 941, 980, 1000]
```

单元小结

本单元主要介绍了Python的两种无序对象，分别是字典和集合。字典是由键：值对构成的，字典中的项并不是按照某种顺序进行存储的，字典中的“键”始终是唯一的。集合是由一组无序的元素组成，集合内的元素是不能重复的。

课后练习

1. 某商户的商品列表如表6-2所示，请用字典结构存储并输出其中的内容。

表6-2　商品列表

名　称	价格（元）
硬盘	880
鼠标	70
键盘	340
摄像头	200

2. 假设客户现在只有1 000元资金，请设计一个程序，在练习题1的基础上，让客户输入选择的商品名称（可以选择多个商品），如果商品的总金额大于总资金，则提示余额不足，否则显示购买成功。

3. 有以下列表 lst = [3,8,12,16,2,9]，请找出列表中任意相加等于11的元素集合，格式如 [(10,1),(11,0)]。

4. 用字典和集合结构统计列表中食物的数量，food = ["apple","orange","grape","apple","orange","apple","tomato","potato","grape"]，输出各种食物及数量。

5. 随机生成1 ~ 100之间的10个不同的整数，并排序输出。

6. 随机生成20道10以内加法算术式，要求两数之和小于10，不产生进位。

第7单元 函数与模块

知识目标

- 了解函数的概念。
- 熟悉参数的作用。
- 熟悉函数的调用。

能力目标

- 能够根据要求实现自定义函数。
- 能够调用函数完成相应功能。

函数是组织好的、可重复使用的、用来实现一定功能的代码段。它为一个语句块定义一个函数名称，然后可以在程序的任何地方通过使用这个名称运行这个语句块，称为调用函数。函数可以大幅提高程序的模块性和代码的复用率，简化程序流程，提高编程效率。

任务 7.1 统计奇偶数——函数的定义与调用

任务目标

本任务的目标是定义一个函数，根据输入的整数列表，统计列表中的奇数和偶数的个数。

知识准备

视频
统计奇偶数——函数的定义与调用

函数是组织好的、可重复使用的、用来实现特定功能的代码段。函数能提高程序的模块性和代码的重复利用率。根据前面的学习，已经知道Python提供了许多内建函数，如print()、type()等。开发者也可以根据需要创建实现特定功能的函数，这种函数称为用户自定义函数。

1．使用函数的原因

使用函数的原因主要是：

① 模块化编程。为降低编程的难度，通常将一个复杂的大问题分解成一系列更简单的小问题，实现分而治之的目的；编写函数，将各个小问题当成模块，逐个击破，大问题通过函数模块化地组合予以解决。

② 代码重用。在编程过程中，要尽量避免同样一段代码不断重复，定义一个函数，可以多次被使用，还可以把函数放到一个模块中供其他程序员使用，也可以使用其他程序员定义的函数，这就避免了重复劳动，提高了工作效率。

2．自定义函数的一般格式

Python中自定义函数的格式如下：

```
def 函数名(形式参数列表):
    函数体
```

函数结构图如图7-1所示。

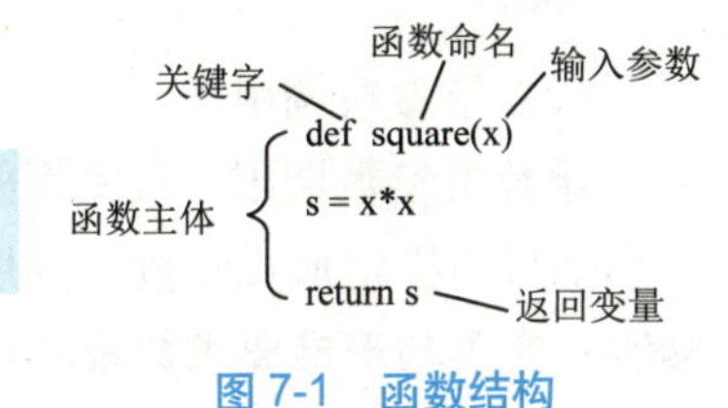

图 7-1　函数结构

注意：

① 函数以关键字def开头，后面紧跟函数名，函数名后小括号内包含形式参数，小括号后以冒号结尾。

② 函数名是一个遵循标识符命名规则的标识符，调用函数时按名称调用。

③ 函数体的第一行语句可以使用引号创建文档字符串，即函数说明，也称为docstring，一般用3个双引号表示。

④ 函数体的内容向右缩进。

⑤ return[表达式]表示函数的返回值，返回值是一个函数处理的结果，函数可以通过return语句返回一个值给调用者，不带表达式的return相当于返回None，函数可以使用return返回值，也可以不返回值。

3．调用函数

调用函数也就是执行函数。如果把创建的函数理解为一个具有某种用途的工具，那么调用函数就相当于使用该工具。

函数调用格式如下：

```
[返回值]=函数名([实参值])
```

其中，函数名指的是要调用函数的名称；实参值指的是当初创建函数时要求传入的各个实际参数的值。如果该函数有返回值，可以通过一个变量来接收该值。

函数可以传递参数，也可以不传递参数，下面分别进行介绍。

（1）无参数调用

函数在执行时，不需要向其传递任何参数，只要使用函数名称即可。需要注意的是，即使该函数没有参数，函数名后的小括号也不能省略。

【例7-1】定义一个函数，能够实现求1～100累加和的功能。

程序代码如下：

```
def sum100():
    count=1
    s=0
    while count<=100:
        s=s+count
        count+=1
    return s
print(sum100())
```

程序运行结果：

```
5050
```

（2）带参数调用

函数带参数调用，最常用的方式是在定义函数时，在函数名后小括号内指定形式参数，调用函数时在小括号内指定具体的实参值，实参与形参要求数量和位置必须严格一对一匹配。参数调用示意图如图7-2所示。

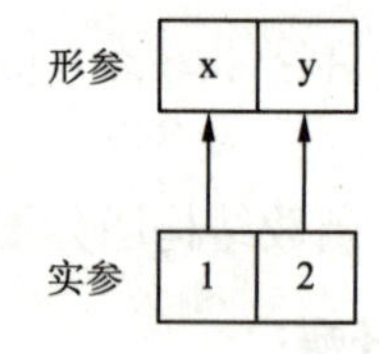

图 7-2　参数调用示意图

【例7-2】定义一个带参数的函数，能够实现两个数平方和的功能。

程序代码如下：

```
def myf(x, y):
   return x*x+y*y
```

调用函数myf()，并给出两个实参3，4：

```
z=myf(3, 4)
print(z)
```

调用函数返回结果：

```
25
```

（3）函数参数在传递时可变对象和不可变对象的区别

参数如果是不可变对象（数值、字符串等），则实参复制给形参，形参的变化不影响实参。例如：

【例7-3】定义一个不可变对象参数的函数。

程序代码如下：

```
def myf(x):                    #形参
```

```
    x=x+1                              #改变形参的值
    return x
a=3
print(myf(a))                          #实参
print(a)                               #形参的改变不会影响实参
```

程序运行结果：

```
4
3
```

参数如果是可变对象（列表、字典等），则实参、形参共享对象，对形参的操作实际就是对实参的操作。

【例7-4】定义一个可变对象参数的函数。

```
def changeme(lt):
    lt[0]=1                            #修改传入的可变变量会影响函数外的变量
    print("函数内列表值：", lt)
ls=[10, 20, 30]
print("列表初始值：", ls)
changeme(ls)
print("调用函数后列表值：", ls)
```

程序运行结果：

```
列表初始值：[10, 20, 30]
函数内列表值： [1, 20, 30]
调用函数后列表值： [1, 20, 30]
```

任务分析

任务7.1中要设计一个统计奇偶数的函数，在执行时需要输入一个整数列表，函数通过一个参数接收该列表，函数体通过循环遍历列表，查看每一个元素是否能够被2整除，能整除则是偶数，否则是奇数。

任务实施

任务7.1设计的函数中要定义两个变量，分别用来存储奇数个数和偶数个数，使用循环判断列表中的每一个数，看其是否为2的倍数，从而统计出列表中的奇数、偶数个数。

任务7.1的程序代码如下：

```
def count_num(listv):
    odd=0
    even=0
    for i in range(len(listv)):
        if listv[i]%2==0:
            even+=1
        else:
            odd+=1
    print("奇数有{}个，偶数有{}个".format(odd,even))
```

```
#调用函数
count_num([22,39,57,59,80,91,93])
```

程序运行结果：

```
奇数有5个，偶数有2个
```

任务 7.2 个性化定制——多种类型参数的应用

视频

个性化定制——多种类型参数应用

任务目标

本任务的目标是：综合使用位置参数、默认参数、关键字参数、可变长度参数和可变长度关键字参数，设计一个个性化定制蛋饼的函数，可以根据用户购买数量、配料需求、分量制作鸡蛋饼，并根据用户姓名、电话、地址进行配送。

知识准备

1. 函数的参数各种形式

在任务7.1中介绍了一种严格按照位置来传递的参数，要求实参与形参在数量和顺序上要严格匹配，这种参数称为位置参数，在函数调用时最常使用。当和其他类型的参数混合使用时，这些位置参数放在参数列表的最左侧，优先匹配。

(1) 默认值参数

为形式参数指定默认值是非常有用的方式。调用函数时，可以使用比定义时更少的参数，可以提高函数的灵活性。

在调用该函数时，为这些带有默认值的参数指定实参值时，函数就接收指定值，如果不指定实参值，则函数就取默认值，默认值参数放在参数列表的最右端。默认值参数传递机制提高了参数传入的灵活性。默认值参数示意图如图7-3所示。

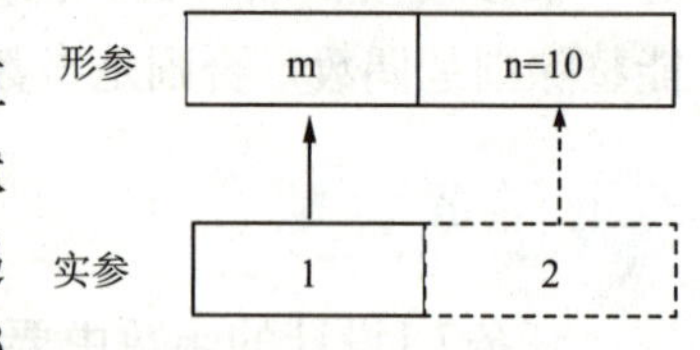

图 7-3 默认值参数示意图

【例7-5】定义一个带默认值参数的函数，向其传入一个小于100的整数参数时，能够获取该参数到100之间的所有整数的累加和，当指定第二个参数时，能够获取第一个参数到第二个参数之间的所有整数的累加和。

程序代码如下：

```
def sumN(m, n=100):
    return sum(range(m, n+1))
print(sumN(1))              #1～100的累加和
print(sumN(10, 50))         #10～50的累加和
```

调用函数sumN()时指定一个参数1时，返回1～100之间的整数和，指定两个参数10、50时返回10～50之间的整数和。

程序运行结果：

```
5050
1230
```

(2) 关键字参数

当函数参数很多时，可以使用命名（关键字）而不用位置的方式来指定函数中的实参，即在函数调用时通过“形参名=实参值”的形式指定实参传递给哪个形参，这种实参称为关键字参数，它可以让函数更加清晰、容易使用，同时也清除了参数的顺序需求。程序中调用函数时，要使用关键字参数，需要使用如下格式定义实参：

```
fun (形参1=实参值1, 形参2=实参值2,…)
```

关键字参数使用示意图如图7-4所示。

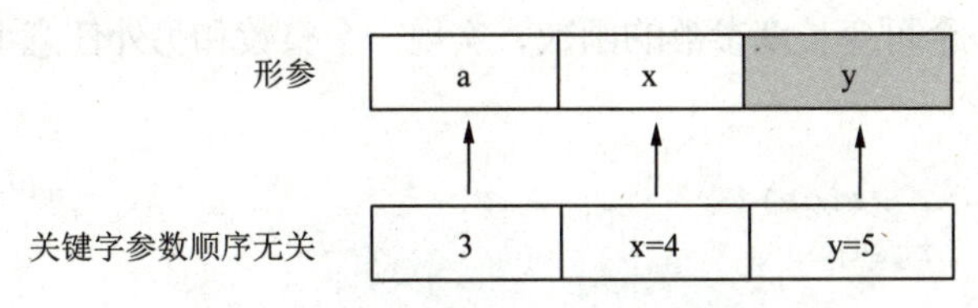

图 7-4　关键字参数使用示意图

注意：

Python中关键字参数要放在位置参数后面，否则报错，即所有位置参数之后的实参要以关键字参数形式呈现。

【例7-6】通过关键字参数调用函数。

程序代码如下：

```
def mysum(a, x, y):
    return a+x+y
print(mysum(3, x=4, y=5))      #关键字参数，顺序无关
print(mysum(3, y=5, x=4))      #关键字参数，顺序无关
```

程序运行结果：

```
12
12
```

关键字参数有两大优点：

① 不再需要考虑参数的顺序，函数的使用将更加容易。

② 当参数很多时可以通过关键字参数，只对指定的参数赋值，其他的参数可以使用默认值，避免每次调用要给每个参数准备值的问题。

(3) 可变长度参数

有时调用函数时参数个数会根据问题而变化，即参数个数不固定。如果不能确定要传进去多少个参数，定义函数时可以在形参名前加上符号“*”，这种以“*”开头的形参

称为可变长度参数。

具体格式如下：

```
def fun(*args):
    函数体
```

其中，*args表示形参args可以接收数量不确定的参数。*args可以认为是最后一个位置参数，将收集所有未匹配的位置参数，并组成一个元组。*args参数后面的参数必须以关键字参数形式出现，可变长度参数使用示意图如图7-5所示。

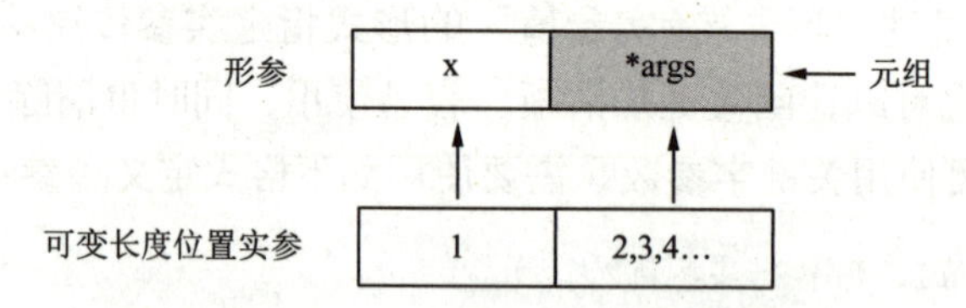

图 7-5　可变长度参数使用示意图

【例7-7】定义一个可变长度参数的函数，实现一个整数和另外任意多个整数的累加和。

程序代码如下：

```
def sum_func(x, *args):
    for i in args:
        x=x+i
    print(x)
sum_func(1, 2, 3)
sum_func(1, 2, 3, 4)
```

调用函数，第一个实参1传给位置参数x，其余所有未匹配的位置参数组成一个元组传给* args。

程序运行结果：

```
6
10
```

实际经常使用的print()函数也涉及函数参数问题，其格式如下：

```
print(*args, sep=' ', end='\n', file=None):
```

其中，*args是可变长度参数，以元组形式表示可以输出的多个对象，输出的各个对象实际是元组内的参数，需要用逗号分隔。*args 后的参数只能用关键字参数，所以在调用print()函数时如果要使用参数sep、end和file，就按关键字参数处理。如果不指定具体实参，这3个参数使用自己的默认值。

（4）可变长度关键字参数

Python中除了可以传入不定长度的位置参数，也可以给函数传入不定长度的关键字参数，定义函数时在形参前加“**”，具体格式如下：

```
def fun(x,**kwargs):
    函数体
```

调用函数时可采用如下形式：

```
fun(1,k1=2,k2=3,…)
```

在函数体内把形参**kwargs接收的关键字参数当成一个字典处理。当和其他类型参数混合使用时，可变长度关键字参数**kwargs要放在形参列表最后面，否则会报错。可变长度关键字参数使用示意图如图7-6所示。

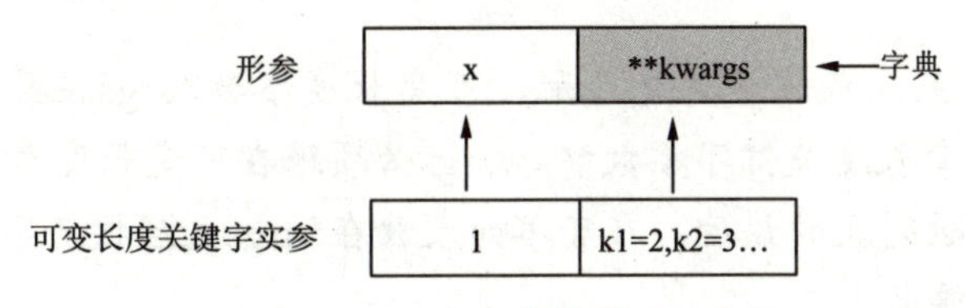

图 7-6　可变长度参数使用示意图

【例7-8】定义一个函数，实现可变长度关键字参数传递。

程序代码如下：

```
def print_kw(a, **kwargs):
    print(a, kwargs)
    print('-' * 50)
print_kw(1, x=2, y=3, z=4)
print_kw(2, m=4, n=5)
print_kw(3)
```

程序运行结果：

```
1 {'x': 2, 'y': 3, 'z': 4}
--------------------------------------------------
2 {'m': 4, 'n': 5}
--------------------------------------------------
3 {}
--------------------------------------------------
```

第一个参数是位置参数，后面可变长度的关键字参数**kwargs，将关键字参数打包成字典。

2. 函数参数小结

① 位置参数：调用函数时所传参数的位置必须与定义函数时参数的位置相同，一般放在参数列表最前面。

② 关键字参数：使用关键字参数会指定参数值赋予哪个形参，调用时所传参数的位置可以任意，关键字参数要放在位置参数后面。

③ 默认参数：默认参数的赋值只会在函数定义时绑定一次，在调用函数时按关键字参数处理。

④ *args可变长度参数：可接收任意数量的位置参数（元组），看作是最后一个位置参数接收所有没有匹配的位置参数。它前面的参数都是位置参数，后面的参数都是关键字参数。

⑤ **kwargs可变长度关键字参数：可接收任意数量的关键字参数（字典），可以看作

是最后一个关键字参数，在参数列表中作为最后一个参数出现。

在各种参数混合使用时，遵循的基本规则如下：

- 位置参数在前，带“=”号的参数（关键字参数/默认值）在后。
- 以上5种参数混合使用时，参数自左向右的顺序建议是：位置参数、*args可变长度参数、关键字参数/默认值参数、**kwargs可变长度关键字参数。

注意：

位置参数在参数列表最左边优先匹配，可变长度参数*args按最后一个位置参数处理，关键字参数和可变长度关键字参数**kwargs必须跟在可变长度参数*args后面，形参中**kwargs要放在参数列表的最后，在实参列表放在*args之后按名字匹配，与其他关键字参数没有顺序上的要求。

任务分析

任务7.2个性化定制蛋饼问题，设计一个订单函数，要求必须输入购买的蛋饼数量、任意输入配料需求、份量，可以使用默认值也可以自己指定，配送信息（姓名、电话、地址）存放在可变长度关键字参数中。

任务实施

任务7.2中要定义一个含有多种类型参数的函数，位置参数n表示购买数量，可变参数*require表示用户需求，默认参数quantity表示分量，可变长度关键字参数**user表示配送信息。

本任务代码在编写时可以先添加位置参数n，实现最基本的功能后再依次添加默认值参数quantity、用户需求参数*require，以及用户配送参数 **user，以方便设计者循序渐进地理解实现过程。

程序代码如下：

```
def order(n, *require, quantity='中份', **user):
    print('-' * 50)
    print(f"制作数量：{n}个 {quantity}")
    print("用户需要：", ','.join(require))              #可变长度参数元组转为字符串
    print("配送信息：", ','.join(user.values()))        #可变长度关键字字典中的值
                                                         #转为字符串
order(2, '微辣', quantity='小份', name='张三', tel='888888', address='苏街1号')
order(2, '微辣', '加蛋', tel='13012345678', address='苏街2号', quantity='小份')
order(1, '加菜', "不辣", name='王五', tel='189876454321', address='苏街3号')
```

其中.join()的作用是将参数拼接成一个字符串。

调用函数，返回结果：

```
--------------------------------------------------
制作数量：2个 小份
用户需要：微辣
配送信息：张三,888888,苏街1号
```

```
----------------------------------------------------
制作数量：2个 小份
用户需要：微辣,加蛋
配送信息：13012345678,苏街2号
----------------------------------------------------
制作数量：1个 中份
用户需要：加菜,不辣
配送信息：王五,189876454321,苏街3号
```

任务 7.3　分配订单编号——变量作用域

视 频

分配订单编号——变量作用域

任务目标

本任务的目标是：使用局部变量、全局变量，可以根据用户购买订单情况，为每个订单自动分配编号。

知识准备

全局变量和局部变量的区别在于作用范围（作用域），全局变量在整个文件中声明，全局范围内可以使用；局部变量是在某个函数内部声明的，只能在函数内部使用，如果超出使用范围则会报错。全局变量与局部变量的关系如图7-7所示。

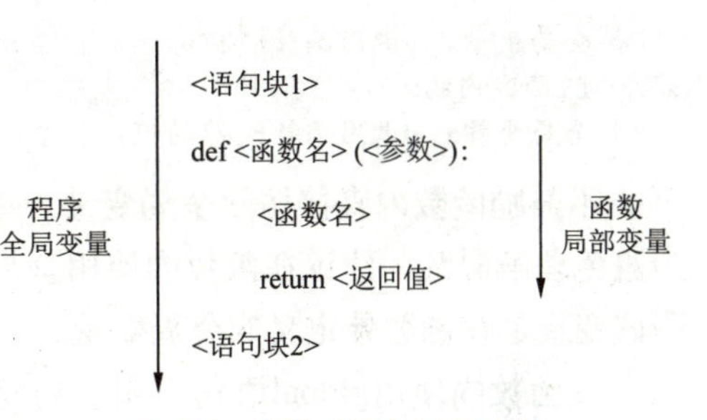

图 7-7　全局变量与局部变量

1. 局部变量

局部变量是指那些在函数内部定义的变量，其作用域仅限于函数内，函数调用结束后就被释放，注意形参算是局部变量。例如，例7-9中函数f1()中定义的局部变量x和形参y仅在函数体内可以使用。

【例7-9】定义一个函数，实现测试局部变量。

程序代码如下：

```
def f1(y):
    x=10                    #局部变量x和形参y都是局部变量
    print(f'函数f1内的x={x},y={y}')
# 主程序
f1(1)
# print(x)                  #报错，x是局部变量，不能在主程序中访问
```

2. 全局变量

在函数之外定义的变量都作为全局变量，其作用范围在全局，即在初始定义赋值后，无论是函数还是类内都可以引用全局变量。

如果函数内定义的局部变量与全局变量重名，在函数内默认使用局部变量，即认为函数内自动屏蔽重名的全局变量。在函数之外可以读取和修改全局变量，函数内也可以读取全局变量，但不能修改。

【例7-10】定义一个函数，实现局部变量与全局变量混合运算。

程序代码如下：

```
x=1  # 全局变量
y=2  # 全局变量
def f1():
    x=10              #定义局部变量x，自动屏蔽同名的全局变量x
    #函数内能读取全局变量y但不能修改y，不建议这样读取全局变量
    x=x+y             #局部变量x和全局变量y混合运算
    print('f1函数内的x,y: ', x, y)
# 主程序
print('全局变量x,y调用函数f1前的值：', x, y)
f1()
print('全局变量x,y调用函数f1后的值：', x, y)
```

程序运行结果：

```
全局变量x,y调用函数f1前的值：1 2
f1函数内的x,y: 12 2
全局变量x,y调用函数f1后的值：1 2
```

不鼓励函数内直接访问全局变量，编程人员往往会搞不清楚该变量是在哪里定义的。为避免理解混乱，建议在函数内使用全局变量时统一使用global语句，这样可以清楚地表明该变量是在函数外定义的全局变量。

在函数内使用global语句声明全局变量，还可以实现在函数内修改全局变量的功能，在函数内修改全局变量后，全局变量的值在该函数外也会改变。

仔细阅读下面程序，理解全局变量的用法。

【例7-11】定义一个函数，使用global实现函数内调用全局变量。

程序代码如下：

```
def f2():
    global x          #鼓励函数内使用全局变量时加上global
    x=x+1             #全局变量x可以读取和修改
    print('f2函数内的x: ', x)
# 主程序
x=1                   #全局变量
print('x调用前：', x)
f2()
print('x调用函数f2后：', x)
```

程序运行结果：

```
x调用前：1
f2函数内的x：2
x调用函数f2后：2
```

任务分析

任务7.3是在任务7.2个性化定制蛋饼问题上增加一个实现自动分配订单号的功能，这需要一个处理订单号的全局变量，每调用一次函数相当于产生一个订单，就自动分配一个订单编号，编号要能够自动增加。

任务实施

编写程序代码具体如下：

```
# 定义全局变量order_id自动分配订单编号
def order(n, *require, quantity='中份', **user):
    global order_id                    #调用全局变量
    order_id+=1                        #每次调用函数时，全局变量order_id自增1
    print(f"----------第{order_id}号订单------------")
    print(f"订单详情：{n}个 {quantity}")
    print("用户需要：", ','.join(require))          #可变长度参数元组转为字符串
    print("配送信息：", ','.join(user.values()))    #可变长度关键字字典中的值
                                                    #转为字符串

order_id=0                             #全局变量id用于记录订单号
order(1)
order(2, '微辣', '加蛋', quantity='小份', name='张三', tel='13012345678',
address='苏街1号')
order(1, '微辣', '不放葱', name='李四', tel='189876454321', address='苏街2号')
```

程序运行结果：

```
----------第1号订单------------
订单详情：1个 中份
用户需要：
配送信息：
----------第2号订单------------
订单详情：2个 小份
用户需要：微辣,加蛋
配送信息：张三,13012345678,苏街1号
----------第3号订单------------
订单详情：1个 中份
用户需要：微辣,不放葱
配送信息：李四,189876454321,苏街2号
```

任务 7.4　数据千千变——特殊函数的使用

视 频

数据千千变——特殊函数的使用

任务目标

本任务的目标是综合使用map()、reduce()、filter()、匿名函数、递归函

数，对给定一个由各种数字构成的列表，筛选出大于0的整数，并求出各整数的阶乘之和。

如从列表[1.5, 1, 3.8, 4.6, 0,-1,2, 6.9, 7.2, 3]中筛选出1、2、3，再求出1!、2!、3!，最后累加得到1!+2!+3!之和。

知识准备

在Python中有些特殊的函数，在实际工作中发挥着重要作用，如map()，reduce()、filter()等，在介绍这些特殊函数前，把递归函数和匿名函数一并归在此处进行介绍。

1. 递归函数

如果一个函数在内部调用自身，这个函数就称为递归函数。函数的递归必须要有停止条件，否则函数将无法跳出递归，造成死循环。

在编程语言中，如果一种计算过程中的每一步都会用到前一步或前几步的结果，这个计算过程就可以称为递归过程。而用递归计算过程定义的函数，则称为递归函数。递归函数的应用很广泛，例如连加、连乘及阶乘等问题都可以利用递归思想来解决。

【例7-12】根据下面的公式，使用递归方式实现求n!。

$$n!=\begin{cases}1 & ,n\leqslant 1\\ n(n-1)! & ,n>1\end{cases}$$

程序代码如下：

```
def fac(n):
    if n<=1:
        return 1
    else:
        return n*fac(n-1)
m=fac(3)          #求3!
print(m)          #输出结果6
```

实现的过程如图7-8所示。

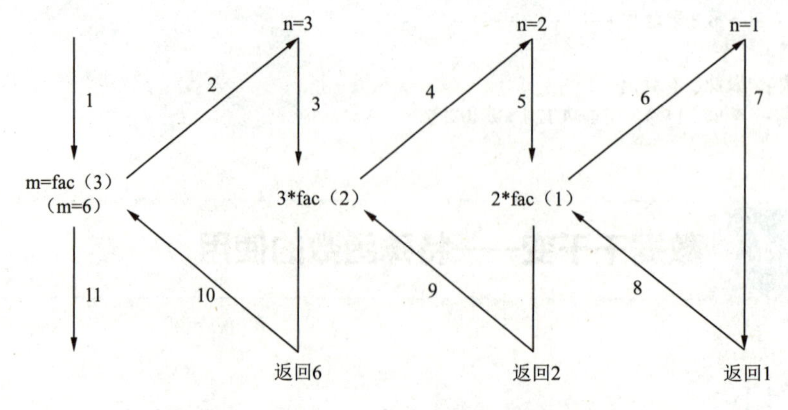

图 7-8　计算 3 的阶乘流程

递归方式不是必需的，有些函数可以使用递归方式完成，也可以不使用递归方式完成。

【例7-13】使用递归实现求m的n次方运算结果。

程序代码如下：

```
def my_power(m, n):
    if n==1:
        return m
    return my_power(m, n-1)*m
print(my_power(2, 3))
```

程序运行结果：

```
8
```

理论上所有的递归函数都可以用循环的方法代替，例如例7-13可以写为：

```
def  fun(m,n):
    i=s=1
    while(i<=n):
        s=s*m
        i=i+1
    return s
print(fun(2,3))
```

使用递归函数的优点是代码更加整洁、优雅，思路简洁，可以将复杂任务分解成更简单的子问题，比使用非递归的嵌套迭代更容易，能够极大简化编程过程。

递归函数的缺点是递归的逻辑很难调试、跟进，递归调用的代价高昂（效率低），因为占用了大量的内存和时间牺牲了存储空间，每一次递归调用都要保存相关参数和变量，影响了执行速度，增加了系统开销。

Python还有一些常见的特殊函数，下面分别进行介绍：

2. 匿名函数

匿名函数是没有函数名的函数，又称Lambda函数，不再使用 def 语句定义一个有名字的函数。如果一个函数的函数体仅有1行表达式，则该函数就可以用Lambda函数来代替，表达式的结构是函数的返回值。Lambda函数的优点是即用即得，精简高效。

匿名函数的定义格式如下：

```
lambda [形参]: 表达式
```

调用格式如下：

```
变量=lambda [形参]: 表达式
```

或

```
(lambda [形参]: 表达式)(实参)
```

【例7-14】定义一个Lambda函数，实现两个数的相加操作。

程序代码如下：

```
g=lambda x, y: x+y                                    #定义一个匿名函数
print(g(3, 4))
# 也可以在定义时直接被调用
print((lambda x, y: x + y)(4, 5))                     #匿名函数的调用
```

程序运行结果：

```
7
9
```

【例7-15】定义一个Lambda函数，实现多参数运算。

程序代码如下：

```
f=lambda x,y,z:10+2*x+y*y+z*z+x*y*z
print(f(1, 2, 3))
```

程序运行结果：

```
31
```

注意：

① lambda定义单行函数，如果需要复杂的函数，应使用 def 语句。

② lambda函数可以包含多个参数。

③ lambda函数有且只有一个返回值。

④ lambda函数中的表达式不能含有命令，且仅限一条表达式。这是为了避免匿名函数的滥用，过于复杂的匿名函数反而不易于解读。

⑤ lambda的使用大量简化了代码，使代码简练清晰。但值得注意的是，这会在一定程度上降低代码的可读性。如果不是非常熟悉Python的人或许会对此感到不可理解。

3．map()函数

map()函数是应用于序列的处理函数，用于映射。map()函数的应用十分广泛，在分布式计算领域有着十分重要的运用。

map()函数会根据传入的函数对指定的序列进行映射。map()函数接收两个参数，一个是function函数，另一个参数是一个或多个序列。map()函数会将传入的函数依次作用到传入序列的每个元素，并把结果作为新的序列返回。

map()函数的格式如下：

```
map(function, sequence[, sequence, …])
```

map()函数的工作原理如图7-9所示。

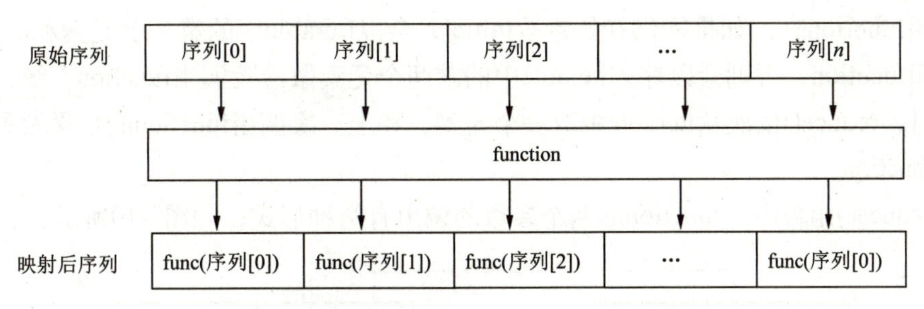

图 7-9　map() 函数工作原理示意图

【例7-16】对一个列表序列中的每个数值元素进行平方运算。

程序代码如下：

```
def f(x):
    return x*x
print(list(map(f, [1, 2, 3, 4])))
```

或者使用匿名函数：

```
m=map(lambda x: x*x, [1, 2, 3, 4,])
print(list(m))
```

程序运行结果：

```
[1, 4, 9, 16]
```

当map()函数的第二个参数中存在多个序列时，会依次将每个序列中相同位置的元素一起做参数并调用function函数。

【例7-17】对map()函数传入的两个序列中的元素依次求和。

程序代码如下：

```
f=lambda x, y: x+y
lt=map(f, [1, 2, 3, 4, 5], [6, 7, 8, 9, 10])
print(list(lt))
```

程序运行结果：

```
[7, 9, 11, 13, 15]
```

当map()函数传入的序列有多个时，要注意function函数的参数数量应和map()函数传入的序列数量相匹配。

4．reduce()函数

reduce()函数也是应用于序列的处理函数，用于归并。它不是Python的内建函数，而是包含在functools库中，要使用reduce()函数需要先导入functools库。

reduce函数的作用：对参数序列中元素进行累积运算。

reduce()函数的格式如下：

```
reduce(function, iterable [, initial])
```

其中，iterable是可迭代对象；initial是可选的初始参数；function函数需要有两个参数，第

一次调用function时，如果提供初始参数initial，会以iterable中的第一个元素和initial作为参数调用function，否则会以序列iterable中的前两个元素做参数调用function。第二次及以后计算时，reduce()依次从iterable中取一个元素，和上一次调用function的结果做参数，再次调用function。

在reduce()函数中，function的两个参数的调用有两种形式，如图7-10所示。

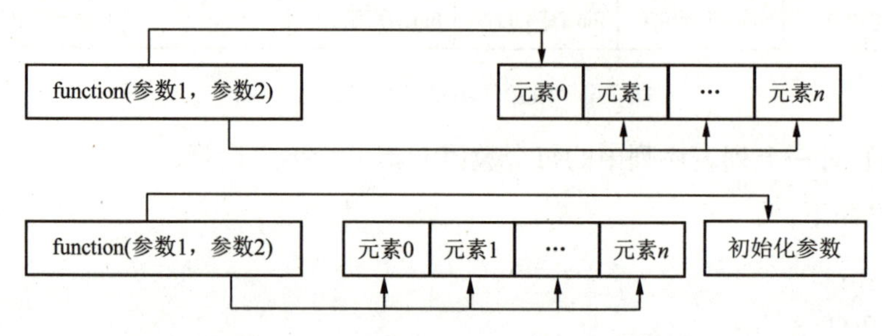

图 7-10　function 的两个参数的两种调用形式

【例7-18】使用reduce()函数计算1+2+3+…+5。

程序代码如下：

```
from functools import reduce
f=lambda x, y: x+y
r=reduce(f, [1, 2, 3, 4, 5])   #方法一：不提供初始值
print(r)
r=reduce(f, [1, 2, 3, 4], 5)   #方法二：提供初始值为5
print(r)
```

程序运行结果：

```
15
15
```

注意程序中方法一的计算顺序为((((1+2)+3)+4)+5)，方法二的计算顺序为((((1+2)+3)+4)+5)。方法一的执行过程如图7-11所示。

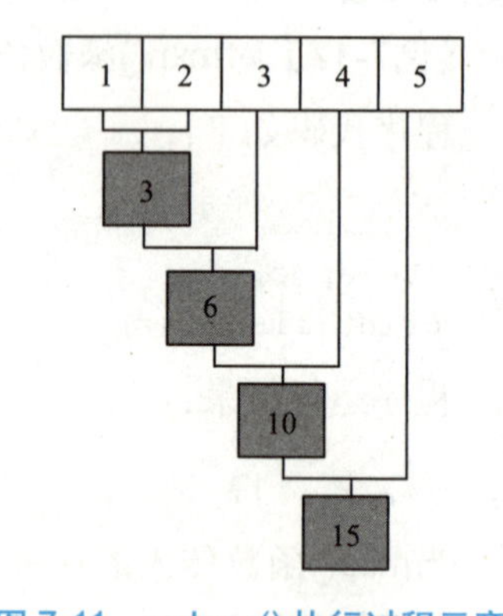

图 7-11　reduce() 执行过程示意图

5．filter()函数

Python内建的filter()函数用于过滤掉不符合条件的序列元素，以迭代器对象的形式返回符合条件的元素。与map()类似，filter()也接收一个函数和一个序列，把传入的函数依次作用于每个元素，根据返回值是True还是False决定保留还是丢弃该元素。

filter()函数的格式如下：

```
filter(function,iterable)
```

其中，function是判断函数，iterable是要筛选的可迭代对象。

【例7-19】在一个列表中，删掉偶数只保留奇数。

程序代码如下：

```
def is_odd(n):
```

```
    return n%2==1
print(list(filter(is_odd, [1, 2, 4, 5, 6, 9, 10, 15])))# 结果: [1, 5, 9, 15]
```

【例7-20】从一堆文件名中挑选出jpg类型文件。

程序代码如下：

```
file_list=['a.jpg', 'bcd.png', 'test.doc', 'salary.xld', 'test.txt', 'b.jpg']
f=lambda n: n.endswith('jpg')   #筛选jpg结尾的字符串n
rs=list(filter(f, file_list))   #从列表file_list中逐个选中以jpg为结尾的文件名
print(rs)
```

可见使用filter()函数，关键在于正确实现一个“筛选”函数。

任务分析

本任务将综合使用特殊函数，能够实现数据的各种变化，分为以下步骤：

① 使用filter()和匿名函数筛选出大于0的整数。

② 使用map()和递归函数求出各整数的阶乘。

③ 使用reduce()函数求出各阶乘之和。

任务实施

任务7.4的实施过程如下：

```
from functools import reduce
# 求n!
def factorial(n):
    if n<=1:
        return 1
    else:
        return n*factorial(n-1)
# 筛选大于0的整数
def select_int(x):
    if x>0 and x==int(x):
        return x
lt=[1.5, 1, 3.8, 4.6, 0,-1,2, 6.9, 7.2, 3]
print("初始数据：", lt)
for i in lt:
    lt=list(filter(lambda x: select_int(x), lt))
print("筛选的整数数据为：", lt)
lt=list(map(lambda x: factorial(x), lt))
print("各整数取阶乘后的数据为：", lt)
r=reduce(lambda x, y: x+y, lt)  #不提供初始值
print('各整数的阶乘之和是：', r)
```

程序运行结果：

```
初始数据：[1.5, 1, 3.8, 4.6, 0, -1, 2, 6.9, 7.2, 3]
筛选的整数数据为：[1, 2, 3]
各整数取阶乘后的数据为：[1, 2, 6]
各整数的阶乘之和是：9
```

任务 7.5　求解斐波那契数列——模块

视 频

斐波那契数列——模块

任务目标

本任务目标是在模块中定义一个求斐波那契数列（Fibonacci Sequence）的函数，然后导入模块中的函数，求解斐波那契数列。

知识准备

1. 模块概述

通过前面的学习，随着程序代码越写越多，可能会存在以下想法：

① 编写了许多绝好的函数，如何将这些函数分组保存下来供以后使用？

② 自己分组保存的函数能否分享给其他人？

③ 别人保存的函数能否拿来使用？

④ 所设计的函数能否共享使用？

上面这些想法，Python可通过模块的方式实现。

为避免一个文件中代码越来越长，可以把函数分组，分别保存在不同的.py文件中，如所有关于数学运算的函数放到math.py中，所有关于随机数的函数放到random.py中，这样每个文件包含的代码就相对较少，这种.py文件称为模块（Module）。模块是程序的组织单元，比函数粒度更大，它将程序代码和数据封装起来以便重用。一个模块可以包含变量、函数、类以及其他的模块。

使用模块分组保存函数有什么好处？最大的好处是可以显著提高代码的可维护性。其次，为减轻编程工作量，编写代码时不必从零开始，导入现成的模块，可以实现模块化编程，避免了重复“造轮子”的问题。

2. 模块的导入

在程序中可以导入的模块包括Python内置的模块、来自第三方的模块以及自己编写的模块等，导入模块从本质上讲，就是在一个文件中载入另一个文件。下面新建立一个自定义模块文件，并讨论如何导入和使用该模块。

【例7-21】设计一个模块 myModule.py，包含两个函数 myMin()、myMax()。

程序代码如下：

```
def myMin(a, b):
    c=a
    if a>b:
        c=b
    return c
def myMax(a, b):
    c=a
    if a<b:
```

```
        c=b
    return c
```

把这个程序保存到当前项目所在的文件夹，在程序中导入模块时，需要在使用前使用import命令将其导入到当前程序。导入模块主要分为以下3种方式：

（1）导入整个模块

在Python中已经编写好了很多模块，用户只需要根据需要直接导入就可以使用，但前提是要知道里面包含了哪些函数以及这些函数怎么使用。

使用import导入整个模块的格式如下：

```
import  模块名 [as 别名]
```

注意：

模块名不要加扩展名.py。

所导入模块中的函数，要使用“模块名.函数名”方式进行调用。如果把模块类比成工具箱，其中的函数等类比成工具，那么这种导入模块的方式就相当于将整个工具箱（模块）搬来使用，每次使用函数时用“模块名.函数名”方式进行调用，相当于说明使用哪个工具箱中的工具。

这种方式在本节内容前已经使用过，例如：

```
import math
import random
print(math.sqrt(3))
print(random.randint(1, 10))
```

有的模块名可能很长，书写时很不方便，可以为模块指定一个别名：

```
import 模块 名称 as 别名
```

例如，可以将模块math简记为m，并且在调用时，直接使用m就可以，示例代码如下：

```
import math as m
m.sqrt(2)
```

需要提醒的一点是使用别名不能过于随意，要小心命名冲突的问题。

如果导入自己设计的模块文件myModule.py。可以新建立一个程序test.py，保存到与myModule.py相同的文件夹，在test.py中通过import myModule语句导入模块myModule，并用“模块名.函数名”的方式使用模块中的函数。

```
import myModule as my
print(my.myMin(1,2),my.myMax(1,2))
#执行 test.py, 结果:1 2
```

（2）只导入模块需要的函数

有时只需要导入指定模块中的个别函数或变量，可以通过指定函数名的方式导入。格式如下：

```
from 模块名  import 函数 [as  函数别名]
```

如果要导入指定模块内的多个函数，可以用逗号分隔开，导入的函数在使用时可以直接使用函数名，而不必使用“模块名.函数名”的方式。例如：

```
from myModle import myMax as mx
from math import sqrt,sin,pi
print(mx(1,2))
print(sqrt(2)*sin(pi/2))
```

这种方式导入的函数更少，使用时也比较方便，但导入语句书写得比较长。

注意：

这种方式导入模块相当于只拿到了某个具体的工具，而没有拿到整个工具箱。导入的函数和变量为避免与当前程序中的变量、函数重名，可以使用as方式另起一个别名。

(3) 导入模块中的所有函数

如果在使用第二种方式导入模块中的函数比较多时，逐个写函数名会感觉很麻烦，此时可以使用*将该模块中的所有函数导入。格式如下：

```
from  模块名 import *
```

这条导入语句的作用是导入一个模块中的所有内容，在使用函数时可直接使用模块中的函数，不必使用“模块名.函数名”的方式。

```
from myModle import *
print(myMax(1,2))
print(myMin(1,2))
```

注意：

这种声明虽然方便，但当程序中函数或变量比较多时，不建议被过多地使用，否则容易产生命名冲突。如果导入模块中函数或变量名与当前程序中的函数或变量名命名冲突，导入模块中的函数或变量将被覆盖。

建议使用导入模块或从模块中仅导入需要函数的方法，如果存在重名冲突，可以使用别名解决。

使用模块还需要注意以下几点：

要想让Python找到模块，模块要以.py的形式放在与引用程序相同的文件夹或Python能找到的文件夹下（如环境变量Path中指定的文件夹）或Python安装时指定的存放文件夹（可以使用sys.path查看这些文件夹）。

安装Python系统时已经包含很多模块（标准模块库），例如，数学模块math，引入就可以使用，也可以安装第三方库。

3. __name__

一个.py文件除了可以作为脚本直接执行外，还可以作为模块导入其他程序文件中。

如果希望一个模块（.py文件）中的部分代码只有在作为脚本时才会执行，导入其他.py文件中不会被执行，需要通过__name__才可以实现。

每个模块（.py文件）都有一个全局变量__name__，__name__在模块（.py文件）内部用来标识模块名称，不过它在不同情况下取值不同：

（1）如果模块（.py文件）被其他模块导入，__name__的值是模块（.py文件）的名称。

（2）如果模块（.py文件）自身直接运行时，__name__的值是“__main__”。

注意：

__name__与__main__两侧都是双下画线。

如果希望一个模块（.py文件）中的部分代码只有在作为脚本时才会执行，则需要将这部分代码以如下方式编写：

```
if __name__ == '__main__':
    ...
```

【例7-22】完善模块myModule.py，测试该文件是以模块方式被调用还是独立程序运行。

程序代码如下：

```
def myMin(a, b):
    c=a
    if a>b:
        c=b
    return c
def myMax(a, b):
    c=a
    if a<b:
        c=b
    return c
if __name__ == '__main__':                #判断当前文件是否独立执行，而不是模块
    print("这是主程序")                    #独立执行时才会执行
```

任务分析

斐波那契数列又称黄金分割数列，因数学家莱昂纳多·斐波那契（Leonardoda Fibonacci）以兔子繁殖为例而引入，故又称为“兔子数列”，指的是这样一个数列：0、1、1、2、3、5、8、13、21、34……在数学上，斐波那契数列以如下递推的方法定义：$F(0)=0$，$F(1)=1$，$F(n)=F(n-1)+F(n-2)$（$n\geqslant 2$，$n\in\mathbf{N}^*$）。

任务实施

自定义一个模块，模块中定义一个函数，函数的功能是求解到整数N的斐波那契数列，最后通过导入模块的方式，实现求解指定整数的斐波那契数列。

程序代码如下：

```
def fib(n):                               #返回到 n 的斐波那契数列
    result=[0]
```

```
    a, b=0, 1
    while b<n:
        result.append(b)
        a, b=b, a+b
    return result
```

将代码保存为fibonacci.py文件。

新建立程序“任务7.5.py”，并引用模块fibonacci：

```
import fibonacci as f
print(f.fib(20))
```

程序运行结果：

```
[0, 1, 1, 2, 3, 5, 8, 13]
```

任务 7.6 成绩管理系统应用——函数综合应用

视 频

成绩管理系统——函数综合应用

任务目标

通过函数连续输入多个学生成绩，然后通过函数输出所有学生成绩，还可以通过学号输出特定学生的成绩信息。

知识准备

函数的定义与调用在前面的任务中已经学习过。

任务分析

处理学生成绩，首先要定义一个函数，输入学生的成绩。输入学生成绩时，需要确定学生人数，因此输入成绩函数，需要一个参数接收学生的人数。成绩输入完成后，需要定义一个函数打印学生成绩。

任务实施

任务7.4的实施过程：依次定义输入数据的函数、打印成绩单函数、根据学号打印成绩单函数。程序代码如下：

```
def input_score(n):                           #输入学生成绩函数：
    global score
    for i in range(n):
        lst=[]
        no=input("请输入学号：")
        lst.append(no)
        name=input("请输入姓名：")
```

```
        lst.append(name)
        c=int(input("请输入C#成绩: "))
        lst.append(c)
        linear=int(input("请输入线代成绩: "))
        lst.append(linear)
        py=int(input("请输入Python成绩: "))
        lst.append(py)
        print("已接收第", i+1, "条: ", lst)
        score.append(lst)
def print_score():                              #打印所有学生成绩单函数
    global score
    print("打印所有学生成绩单: ")
    for i in range(len(score)):
        no=score[i][0]
        name=score[i][1]
        cs=score[i][2]
        la=score[i][3]
        ph=score[i][4]
        print(no, name, ' C#: ', cs, ' 线代: ', la, ' Python:', ph)
def print_score_by_no(no):                      #根据学号打印相关学生成绩单函数
    global score
    for i in range(len(score)):
        if score[i][0]==no:
            name=score[i][1]
            cs=score[i][2]
            la=score[i][3]
            ph=score[i][4]
            print("根据学号打印学生成绩:\n", no, name, ' C#: ', cs, ' 线代:
', la, ' Python:', ph)
            break
    else:
        print("没找到该学号学生的信息")

# 主程序
score=[]
input_score(3)                                  #调用函数输入3个学生成绩
print('-'*40)
print_score()                                   #调用函数打印所有学生成绩单
print('-' * 40)
print_score_by_no(input("输入要查找的学号: "))  #调用函数根据学号打印
                                                #指定学生的成绩单
```

所有成绩输入完成后，返回结果如下：

```
请输入学号: 1001
请输入姓名: Tom
请输入C#成绩: 89
请输入线代成绩: 90
请输入Python成绩: 91
已接收第 1 条: ['1001', 'Tom', 89, 90, 91]
请输入学号: 1002
```

```
请输入姓名：Mike
请输入C#成绩：92
请输入线代成绩：93
请输入Python成绩：94
已接收第 2 条：['1002', 'Mike', 92, 93, 94]
请输入学号：1003
请输入姓名：Jack
请输入C#成绩：99
请输入线代成绩：98
请输入Python成绩：89
已接收第 3 条：['1003', 'Jack', 99, 98, 89]
----------------------------------------
打印所有学生成绩单：
1001 Tom  C#:  89  线代:  90  Python: 91
1002 Mike  C#:  92  线代:  93  Python: 94
1003 Jack  C#:  99  线代:  98  Python: 89
----------------------------------------
输入要查的学号：1002
根据学号打印学生成绩：
 1002 Mike  C#:  92  线代:  93  Python: 94
```

单元小结

本单元主要介绍了函数的定义与调用，使用函数可以让程序更加容易阅读，更加容易测试和调试。程序员的主要任务就是编写代码来完成特定的任务，函数非常有助于实现这样的目标。

课后练习

1. 写出下列程序的运行结果。

```
def foo(num):
    for j in range(2,num//2+1):
        if num%j==0:
            return False
        else:
            return True
def main():
    n,c=8,0
    for i in range(2,n+1):
        if foo(i):
            c+=i
```

```
    print(c)
if __name__=='__main__':
    main()
```

2. 写出下列程序的运行结果。

```
def foo(list,num):
    if num==1:
        list.append(0)
    elif num==2:
        foo(list,1)
        list.append(1)
    elif num>2:
        foo(list,num-1)
        list.append(list[-1]+list[-2])
mylist=[]
foo(mylist,10)
print(mylist)
```

3. 下列程序的作用是求两个正整数 m、n 的最大公约数，请补充中程序①②部分。

```
def gcd(m,n):
    if m<n:
        m,n=n,m
    if m%n==0:
       (        ①        )
    else:
        return (     ②       )
ans=gcd(84,342)
print(ans)
```

4. 自定义 my_len() 函数，可以统计字符串中字符的个数。

5. 定义 my_max() 函数，根据输入的任意多个数字比较大小，返回最大值。

6. 定义一个求阶乘平方的函数，该函数带有一个整数参数，根据传入的参数，返回该参数对应阶乘的平方。

7. 编写一个计算任意多个数字之和的函数。

第8单元 面向对象编程

知识目标

- 理解面向对象编程的基本思想及意义。
- 理解类、对象等面向对象编程的核心概念。
- 熟悉封装、继承、多态等面向对象程序设计典型概念的含义与用途。

能力目标

- 能完成简单的类定义，实现对概念的描述，能完成对象的创建与访问。
- 能根据实际问题，使用类的继承完成类层次结构设计与表示。

自2006年我国重新启动大型飞机重大专项以来，以C919、C929为代表的我国新一代喷气式大型客机项目稳步推进，不远的将来，将会有大批的国产大型客机在祖国的天空中翱翔，也会有大量的国产客机往来于世界各地。

现代大型飞机通常包括机身、发动机、航电系统、飞控系统、环控系统、通信导航系统、起落架等多个分系统，由于我国在大型飞机设计与制造部分领域基础比较薄弱，大飞机设计制造的所有工作全部由某一家企业或全部由国内企业完成是不现实的。在C919飞机的发展历程中，由中国商飞提出总体方案及各分系统设计需求，相关分系统实际上是发动了全国众多相关行业领域的企业、高校、研究机构协同攻关研制生产的，甚至C919的启动动力装置（发动机）、电传飞控系统等部分还集成了国外先进企业的产品。各协作方根据总体方案及所承担的分系统设计需求，发挥各自的优势，协同攻关，是C919项目能在较短时间内取得成功的关键。

在工程领域中这种先确定总体任务，然后将总体任务分解成多个子任务，在明确了各子任务的需求以后，将子任务交由不同实体协作完成的策略，实际上体现了软件开发领域中面向对象的思想。

任务 8.1　设计图纸与零件——创建类与对象

视 频

设计图纸与零件——创建类与对象

任务目标

结合生产实践中设计的图纸、根据图纸生产零件的实例，初步熟悉面向对象编程的基本概念：

① 理解面向对象编程的基本思想。

② 熟悉面向对象编程的三大基本特征。

③ 初步了解类与对象的含义。

④ 使用面向对象方式实现螺钉类和螺钉对象的设计。

知识准备

1. 面向对象基础

在使用计算机解决现实问题的早期阶段，普遍采用的方式是面向过程的，也就是针对要解决的问题，直接分析解决问题所需的具体步骤，最后使用某种编程语言把这些步骤表述出来形成程序。

例如要吃一个面包，大体步骤如下：

① 需要学习做面包的烘焙技术。

② 购买所需要的材料。

③ 烘焙面包。

④ 制作完成面包并吃掉。

这种方式在解决规模较小的问题时是完全可以的，但随着计算机应用越来越广泛，需要解决的问题规模也越来越大，很多问题很难直接分析清楚解决问题的具体步骤，有时解决问题的步骤可能没有确切的先后顺序，也就很难用面向过程的方法把程序代码直接写出来。

面向对象的编程思想吸收了工程管理领域的理念，解决问题时不是首先关注解决问题的步骤，而是重点关注待解决问题的结构。

采用面向对象的思想，可以把一切都看成对象。首先把要解决的问题看成一个整体系统，也就是一个对象，分析该问题可以分解成几个子问题，把分解出来的每个子问题看成一个更小也更简单的对象，并实现各个小对象的功能，最后通过各个小对象之间的协调互动，形成一个完整的系统。

如果使用面向对象技术完成吃面包这类简单的事，只需要建立一个对象，大致方法如下：

① 找个制作面包的师傅（创建师傅对象）。

② 调用其烘焙技能，完成制作（调用对象技能）。

③ 返回面包并吃掉。

从面包这个例子的对比发现，面向过程强调的是步骤，所有事情需要自己完成；面向对象与现实生活类似，将工作交给别人去做，自己只要指挥就可以。面向对象的难点在于如何声明类（培养面包师傅），但如果已经有现成的类，直接创建对象并使用，使用起来就会十分方便。在前面的学习中已经使用过现成的对象，例如在列表中使用过lt.append()、lt.sort()等，实际是创建了一个列表对象lt并调用了其append()方法和sort()方法，使用起来非常方便。

对于较小规模的问题，适合用面向过程的思想；面向对象更加适合解决规模较大的问题。

2. 类与对象

在面向对象编程实践中，一个类就是为同一类事物关键特征建立的一个模型，事物的关键特征包括静态特征，如手机的品牌、型号、屏幕尺寸、重量等，通常称为属性；也包括动态特征，如手机的开机、关机、拨打电话、发短信、上网等操作，通常称为方法。定义一个类，就相当于设计一个产品方案，或者相当于制作了一种零件的设计图纸。一个对象则是具备某个概念所描述特征的一个具体事物，例如一部实际的手机，或者根据螺钉设计图纸生产出来的一颗螺钉等。

简单地讲，类相当于图纸，对象相当于根据图纸设计的产品，二者关系如图8-1所示。

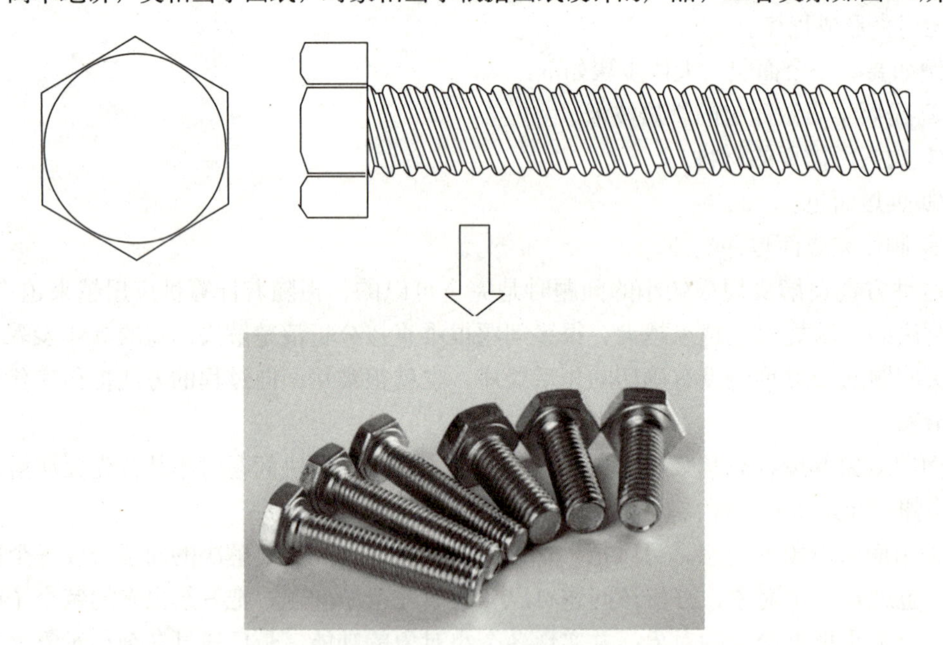

图 8-1　类与对象关系类比

3. 面向对象编程的3个基本特征

(1) 封装

封装是指将对象的属性和行为包装在一起，合理安排这些属性和行为的对外可见性，需要对外公开的就对外公开，不需要对外公开的就隐藏在内部。例如，一部手机，由很多零部件构成，暴露在外面用户可以直接接触到的主要是屏幕、机壳以及一定数量的按键，除此之外，具体实现手机功能的CPU、存储设备、电路板、各种传感器、电池等都被封装在机壳内部。这样的处理，一方面可以使手机的操作更简单，另一方面还能增强手机产品的稳定性与可靠性。编程时也可以采用类似的方式，分析清楚处理对象的构成，将尽可能少、确实需要让外部接触的部分对外公开，把只与内部功能有关、外部世界无须关注的部分封装在对象内部。用户程序使用相关对象时，只需要关注已对外公开的部分即可，无须接触封装在内部的部件。

（2）继承

继承是指在现有类的基础上，对其进行局部调整以得到新类的方法。仍以手机为例，手机厂商基于现有的某款手机产品，通过配备更强性能的CPU、更大容量的存储空间、更高品质的屏幕、增加更多种类的传感器等方式，就可以得到新款的手机产品。每一种新款的手机产品，都或多或少地利用了已有产品的设计方案，这就是继承。在编程实践中使用继承的方式，可以在用于解决已有问题的现成代码基础上，经过必要的修改和扩展，得到可以解决新问题的程序代码，充分利用现有资源，大幅提高开发效率。

（3）多态

多态是指同一类事物有多种形态，在不同场合有不同的作用，表现出不同的特征。继续以手机为例，同样是“截屏”这个操作，在苹果手机上的实现方法与在安卓手机上的实现方法就会有所不同，即使同样是安卓手机，不同品牌的手机上截屏的具体方法也可能会有所不同，这就是多态。在程序中，多态可以让看起来相同的代码在不同场合完成不同的任务。

4．类的定义

在现实世界中，是先有对象，再归纳出类，但在程序中需要先定义类，再由类产生对象。这与函数的使用是类似的，先定义函数后再调用函数，类也是需要先定义类再使用，通常情况下不直接使用类，而是基于类创建对象，并在程序中使用对象。

定义一个类，也就是要建立具备相似特征的某类事物的抽象模型，该模型要能够全面描述这类事物的基本特征，包括静态特征与动态特征，也就是要能够明确该事物具备哪些特性，能完成哪些动作（变化）。

在Python中，通过class关键字来定义类。定义类的一般格式如下：

```
class 类名:
类成员定义
```

注意：

① 在类定义中，class语句行末尾必须有冒号，约定类名首字母大写。

② 类成员包括两类：一类成员（变量）用于描述静态特征，称为属性，在Python语言中，属性无须单独定义，直接使用“self.属性名”的形式访问即可；另一类成员（函数）用于描述动态特征，称为方法。

【例8-1】定义一个用于描述平面上一个点的类Point，并输出其坐标、颜色等信息。

程序代码如下：

```
class Point:
    def __init__(self, x, y, color): #注意，init前后各有两条连续的下画线
        self.x=x                    #x坐标
        self.y=y                    #y坐标
        self.color=color            #颜色
    def show(self):
        return f"坐标：{self.x} ,{self.y}，颜色：{self.color}"
```

可能有些内容现在并不能一下看明白，但后面会大量地使用这样的结构，先按照这个结构编写面向对象程序，后面会有解释。在例8-1中，明确了Point类有3个成员属性（静态特征），分别表示平面上点的x、y坐标以及该点的颜色，同时定义了2个成员方法（动态特征），其中__init__()方法用于对成员属性初始化，每当创建对象时会自动执行，其中有3个self为前缀的属性self.x、self.y和self.color；而show()是一个方法，能以容易理解的形式打印该点的位置与颜色信息，注意每个方法的第一个参数必须是self。

5. 对象的创建

创建一个对象，也就是创建一个类的实例，相当于根据设计好的零件图纸实际生产出一个零件。

在Python程序中，创建并保存一个对象的基本形式如下：

```
对象名 = 类名 ([ 参数 ])
```

其中，类名用于明确要创建的对象所属的类型，括号中的参数通常用于在创建对象时，通过自动调用__init__()构造方法为对象中的相关属性设置初值。

例如，以下程序语句用于创建例8-1中的点对象point：

```
point=Point(10,15,"红")  #创建平面上一个实际的点，其x坐标为10，y坐标为15，颜色为“红”
```

6. 对象成员的访问

尽管建立类会花费不少时间，但最终的目的是使用由类建立的对象，这也是面向对象编程的初衷。程序开发人员使用由类创建的对象完成工作，对象的成员包括对象的属性与对象的方法。

（1）访问对象的方法

创建对象后，如果要在主程序中访问某个对象中的方法，需要用如下格式访问：

```
对象名 . 方法名 ( 参数 )
```

例如，以下语句调用point对象的show()方法在屏幕上显示该点的信息：

```
point.show()
```

由于Point类的show()方法不带参数，调用时也就无须传递参数；如果方法要求传入参数，访问相应方法时就必须在括号中传入实际的参数。

（2）访问对象的属性

前面以self为前缀的变量，这些变量称为实例属性或对象属性，所有创建的对象可以通过“对象名.变量名”的方式访问，实例属性属于实例（对象），主程序中只有对象才可

以访问，类内的所有方法也可以访问它们。

要在主程序中使用某个对象的属性（self开头的变量），需要使用如下格式：

```
对象名 . 属性名
```

例8-1中self.x=x表示self.x获取存储在形参x中的值，在类的方法中可以访问，生成的对象point也可以访问。例如，可以使用以下语句输出point对象的x坐标值：

```
print(point.x)
```

也可以在__init__()中和show()中访问对象的属性。

当创建多个对象时，每个对象在内存中存放在不同的位置，都有自己的一组属性。

【例8-2】 定义一个Person类并访问其中方法和属性。

程序代码如下：

```
class Person:                    #定义一个人类
    def __init__(self, name, sex, age, tel):
        self.name=name           #每一个人有自己的姓名
        self.sex=sex
        self.age=age
        self.tel=tel
    def show(self):
          print(f"姓名:{self.name}，性别:{self.sex}，年龄:{self.age}岁，电话:
{self.tel}")
p1=Person("Jack", "男", 18, "13812345678")
print(p1.name+"的简介:")
p1.show()
```

程序运行结果：

```
Jack的简介:
姓名:Jack，性别:男，年龄:18岁，电话: 13812345678
```

7. 特殊成员的含义与应用

正如前面的实例中所见，在类定义中，经常会存在一些名字构成比较特别、具有特殊用途、运行时机也可能比较特殊的成员。

① __init__()方法：称为构造方法或初始化方法，该方法通常用于在创建对象时设置相关属性的初值，会在创建对象时自动调用。如果用户自己没有重新定义构造方法，系统就自动执行默认的构造方法。当使用类名创建对象时，如point = Point(10,15,"红")，会执行以下操作：

- 调用__new__()方法创建对象，在内存中分配空间给对象，self指向该对象地址。
- 调用__init__()方法为self指向对象的属性设置初值。

在Python程序中方法名如果类似__××××__()这种形式、前后各有两条下画线的，都是有特殊用途的，称为“魔法”方法。Python会自动调用魔法方法，当然也可以手动调用。例如，在例8-1中添加如下方法：

```
def __str__(self):                 #str前后也各有两条连续的下画线
```

```
    return f"坐标：{self.x}，{self.y}，颜色：{self.color}"
```

名为__str__的方法可以称为对象描述方法。当使用print输出某个对象时，只要对象所属类内部定义了__str__(self)方法，就会打印这个方法中return的数据，在此将相关属性数据组织成一个字符串，在打印对象时将会被调用。在此，如果要输出点point对象的位置与颜色，可以使用以下代码实现：

```
    print(point)
```

② self：这是一个特殊的形参，相当于Java中的this，在创建对象时，内存中会先调用__new__()方法创建空间并分配给新建的对象，使用self表示对当前建立对象的引用，也就是当前所建对象的地址。在定义类的各种方法时，self是必不可少的，并且要位于形参的最前面，如在调用__init__()方法初始化时，会自动传入第一个参数self。各方法都会自动传递这个self参数，以便让对象能够访问其中的属性和方法。注意，调用方法时self参数不用人为指定实参，程序设计人员只要传递普通的参数即可，如例8-1的Point类创建对象时，要调用__init__()方法，只需要指定x、y、color值即可。

任务分析

在工业生产实践中，螺钉在实际生产前应该先有图纸，也就是设计方案，在设计方案中要明确制造该螺钉要用的原材料、螺钉各部分的形状以及规格尺寸等特性。设计方案确定并通过审核以后，就可以根据方案批量生产螺钉，按照同一个设计方案生产的螺钉可能是几个、几十个，甚至成千上万个。

1. 定义一个螺钉类（ScrewNut）

定义螺钉类，其中包括材质（Material）、长度（Length）、内径（Internal Diameter）、外径（External Diameter）、牙距（Screw Spitch）5个静态特征（属性），在构造方法中完成对相关属性的初始化，定义__str__()方法，返回螺钉相关属性值构成的字符串。

2. 创建两个螺钉对象

根据上面的螺钉类（ScrewNut），创建两个螺钉对象nut1和nut2，分别设置两个上对象的属性值为“"不锈钢"、10、20、25、0.6”和“"黄铜"、12、25、30、0.8”。

3. 输出对象信息

用print()函数输出两个螺钉对象信息。

任务实施

1. 定义螺钉类ScrewNut

```
class ScrewNut:                                                  #螺钉类
    def __init__(self, material, length, internal_diameter, external_
diameter, screw_pitch):
        self.material=material                                   #材质
        self.length=length                                       #长度
        self.internal_diameter=internal_diameter #内径
```

```
        self.external_diameter=external_diameter            #外径
        self.screw_pitch=screw_pitch                        #牙距
    def __str__(self):
        description="材质: "+self.material+"\n高度: "+str(self.
length)+"\n内径: " + str(self.internal_diameter)+"\n外径: "+str(self.
external_diameter)+"\n牙距: "+str(self.screw_pitch)+"\n"
        return description
```

2. 创建螺钉对象

```
nut1=ScrewNut("不锈钢",10,20,25,0.6)
nut2=ScrewNut("黄铜",12,25,30,0.8)
```

3. 打印螺钉对象

```
print(nut1)
print(nut2)
```

上面第1、2、3步的程序存放在一个程序文件“任务8-2.py”中，运行该程序，输出的结果如下：

```
材质: 不锈钢
高度: 10
内径: 20
外径: 25
牙距: 0.6

材质: 黄铜
高度: 12
内径: 25
外径: 30
牙距: 0.8
```

任务 8.2　计算 BMI——属性和方法进阶

视 频

计算BMI——属性和方法进阶

任务目标

设计一个根据BMI判断胖瘦的程序，输入姓名、身高、体重，输出判断胖瘦的结果。

知识准备

1. 类与实例的属性

① 实例属性：前面介绍的用self为前缀的变量都是实例属性，实例属性是在__init__构造方法内部，以“self.变量名”的方式定义的变量，其特点是只作用于对象，只能通过对象名访问，无法通过类名访问。它只和当前实例对象有关，不影响其他实例对象，通

过某个对象修改实例变量的值，不会影响类的其他对象。

② 类的属性：指定义在类中且在方法外的属性，所有实例中共享公用，通过“类名.属性名”或“实例名.属性名”访问。只要是某个实例对其进行修改，就会影响其他的所有这个类的实例。

类属性影响类的所有对象，实例属性只影响当前对象，实例中的属性会屏蔽同名类属性。

【例8-3】生成一个有实例属性和类属性的类，并生成对象。

程序代码如下：

```
class Person:
    role="人类"                                   #类属性
    def __init__(self, name):
        self.name=name                            #实例属性
    def show(self):                               #实例方法
        print('我的名字是：', self.name)
p=Person('Tom')
p.show()                                          #调用实例对象的方法
p.name='Mike'                                     #修改实例对象属性
print(f"当前对象所属类：{Person.role},姓名是：{p.name}")
```

程序运行结果：

```
我的名字是：Tom
当前对象所属类：人类,姓名是：Mike
```

2. 类与实例的方法

① 实例方法：它是类中最常定义的成员方法，在类中定义的方法默认都是实例方法，它至少有一个名为self的参数，表示调用该方法的对象。实例方法一般通过实例对象去调用。

② 类方法：指类所拥有的方法，这是所有对象公用的方法，需要用@classmethod来标识。类方法的第一个参数一般名为cls，cls表示当前类，和实例方法中的self表示当前对象类似。方法内部可以使用cls访问类的属性，也可以通过cls调用类的其他方法。在类外可以使用“类名.类方法名”和“对象名.类方法名”的方式去调用类的方法，但推荐使用类名直接调用，不推荐使用实例对象来调用。类方法也可用于对类属性进行修改。

【例8-4】生成一个有实例方法和类方法的类，用于统计和修改人数。

程序代码如下：

```
class Person:
    count=0                                       #类属性
    @classmethod
    def get_count(cls):                           #类方法
        return cls.count                          #使用cls访问类的属性
    @classmethod
    def set_count(cls):                           #使用类方法修改类属性
        cls.count+=1
```

```
    def __init__(self, name):
        self.name=name                          #实例属性
    def show(self):                             #实例方法
        print('我的名字是：', self.name)
print("开始人数：", Person.get_count())          #通过“类.方法名”读取类属性
p1=Person("Tom")
p1.show()
Person.set_count()                              #推荐“类.方法名”修改类属性
# p1.set_count()                                #不推荐“对象.方法名”修改类属性
print("当前人数：", p1.get_count())              #读取类属性
```

程序运行结果：

```
开始人数：0
我的名字是：Tom
当前人数：1
```

两种方法对比如表8-1所示。

表 8-1　成员方法使用对比

限制类型	装　饰	参　数	应用场景	访问方式
实例方法	无	首参 self	方法内要访问实例属性	对象．方法名()
类方法	@classmethod	首参 cls	方法内只需要访问类属性	对象．方法名() 类名．方法名()

3．访问限制

在实际开发中，为了提高代码的灵活性和安全性，Python类的属性分为公有的类属性和私有属性，对象的一些属性或方法要限制只能在对象的内部使用，不能从外部访问，可以在属性或方法前面加两条下画线“__”定义为私有的，在类的外部将不能直接访问，需要调用类的公有方法或特殊方法才可以访问。设置为私有或保护类型的目的是实现数据封闭和保密，一般只有在类内部的成员方法中才能访问。

Python还有两种受限制的类型：

① 保护类型：仅限当前类和自己的子类访问。

② 系统定义的类属性：当创建一个类之后，系统就自带了一些属性，称为内置类属性，在头尾加双下画线表示。例如：

- __dict__：类的属性（包含一个字典，由类的数据属性组成）。
- __doc__：类的文档字符串。
- __name__：类名。
- __module__：类定义所在的模块（类的全名是'__main__.className'，如果类位于一个导入模块mymod中，那么className.__module__等于mymod）。
- __bases__：类的所有父类构成元素（包含了一个由所有父类组成的元组）。

3种受限类型对比如表8-2所示。

表 8-2　限制从类外部访问的 3 种形式

限 制 类 型	形　式	访 问 方 式
系统定义的类属性	头尾双下画线	类名.__foo__
保护类型（类及子类）	单下画线开头	“类名._foo”或“实例名._foo”
私有类型（类内访问）	双下画线开头	“类名.__foo”或“实例名.实例名_foo”，不能使用“实例名._foo”的方式访问

【例8-5】私有属性的使用。

程序代码如下：

```
class Person:
    def __init__(self, n, a=19):
        self.name=n
        self.__age=a          #__age私有，创建对象无法访问被限制的age
    def set_age(self, a):     #通过方法才能修改私有属性__age
        if 0<a<150:
            self.__age=a
        else:
            print("不合法")
    def get_age(self):
        return self.__age
p1=Person("Tom", 18)
p1.name="Mike"                #访问未限制的实例变量
print(p1.name)
p1.set_age(-10)               #通过方法修改私有变量age，会因范围不对报“不合法”
print(p1.get_age())           #因年龄不合法，在此还是输出原值
# print(p1.__age)             #此句报错，无法访问私有属性
```

程序运行结果：

```
Mike
不合法
18
```

可以通过在内部创建set()和get()方法访问私有属性，同时在方法内可以对数据进行过滤。例如，输入的年龄不在正常范围内，就提示输入不合法，只有输入正确格式时才能进行赋值，所以使用方法操作属性可以更加安全。

任务分析

输入身高（米）和体重（千克），根据标准BMI计算公式，计算BMI，并给出建议。在此任务中使用了私有方法__calc计算BMI，私有属性__name、__height、__weight。

任务实施

编写程序代码，具体如下：

```
class Bmi:
```

```
        MaxBmi=23.9                                #标准BMI最大值
        MinBmi=18.5                                #标准BMI最小值
        count=0                                    #查询人数
        def __init__(self, n, h, w):
            Bmi.count=Bmi.count + 1                #每建立一个对象，人数加1
            self.__name=n
            self.__height=h
            self.__weight=w
        def __calc(self):                          #私有实例方法，仅类内使用
            return self.__weight / (self.__height ** 2)
        def health(self):                          #实例方法
            x=Bmi.__calc(self)
                print(f"{self.__name}, 你的BMI={x:.2f}, 正常范围介于{Bmi.
MinBmi}~{Bmi.MaxBmi}", end=", ")
            if x<Bmi.MinBmi:
                print(f"偏瘦,多睡多吃肉")
            elif x>Bmi.MaxBmi:
                print("偏胖, 管住嘴迈开腿")
            else:
                print("不胖不瘦, 完美体型! ")
    p1=Bmi("Alice", 1.65, 50)
    print(f"你是第{Bmi.count}位检测者")
    p1.health()
```

程序运行结果：

```
你是第1位检测者
Alice, 你的BMI=18.37, 正常范围介于18.5~23.9, 偏瘦,多睡多吃肉
```

任务 8.3　站到巨人的肩膀上——继承创造效率

任务目标

编写程序，首先定义抽象图形类（Shape），其中包括分别用于计算周长与面积的circ()方法和area()方法；然后基于Shape类分别定义矩形（Rect）类、正方形（Square）类、圆（Circle）3个类，定义每个类中各自用于计算周长与面积的circ()方法和area()方法。最后，在程序中创建各类图形的实例（对象），调用相关方法计算并输出各个图形的周长与面积。

通过完成上述任务8.3，应达到以下目标：

① 理解程序设计实践中使用继承的意义。

② 熟悉类的继承实现方法。

知识准备

1. 继承的意义

在程序中，可以先建立相对比较抽象、简单的概念（类），在其中确定一些最基本的要素；然后在简单概念的基础上，通过增加要素，可以得到更具体、复杂的新概念（类），并能进一步明确新概念中的相关细节。

采取这种方式，新概念（类）的建立就不再需要“万丈高楼平地起”，而是可以在第一层上面建第二层、在第二层上面建第三层……基于现有的条件，不断创造新的成就，这就是继承。

继承的原则是“继承、发扬”。使用继承编写新类时，不用总是从空白开始，新建立的类是现有类的一个子类，子类继承父类，子类可以获得并直接使用父类中的属性和方法，子类还可以定义自己的属性和方法，或者重写父类的方法。

2. 继承的实现

在Python语言程序中，要基于现有的类（可称为基类或父类）定义新类（可称为派生类或子类），只需要在新类定义类名后面的括号中指出要用的基类即可。一个派生类的基类可以是一个，这种情况称为单继承；也可以有多个，称为多（重）继承。

例如，以下程序段先定义了一个基类Base，然后在Base类的基础上定义了一个子类Derive：

```
class Base:                                    #定义基类
    pass
class Derive(Base):                            #定义子类
pass
```

创建子类实例时，需要注意以下事项：

① 父类必须包含在当前文件中，且位于子类前。

② 定义子类时括号内指定父类名称。

③ 需要使用super()函数先完成父类的初始化（super().__init__()），再执行子类的__init__()方法完成子类的初始化。

④ 子类会继承父类的属性和方法。

【例8-6】在汽车类Car基础上生成电动汽车子类Ecar。

程序代码如下：

```
class Car:
    def __init__(self, name, year):
        self.name=name
        self.year=year
    def show(self):
        return f"车辆信息:{self.year}年生产的{self.name}"
class ECar(Car):                               #定义子类
    def __init__(self, name, year):            #电动汽车初始化
        super().__init__(name, year)           #先初始化父类的属性
mytesla=ECar("Tesla", 2022)                    #建立电动车子类对象
```

```
print(mytesla.show())                        #继承父类的show()方法
```

程序运行结果：

```
车辆信息 :2022 年生产的 Tesla
```

3. 添加子类的属性和方法

子类在继承父类属性和方法的基础之上，可以添加自己独有的方法和属性，其中在初始化子类时，可以在__init__()方法中添加子类独有的属性，还可以在子类中定义自己独有的方法。具体步骤如下：

① 先初始化父类的属性再初始化子类特有的属性。

② 建立和调用子类自己的方法。

【例8-7】在汽车类Car基础上生成电动汽车子类Ecar，添加电池容量属性和显示电池信息的方法。

程序代码如下：

```
class Car:
    def __init__(self, name, year):
        self.name=name
        self.year=year
    def show(self):
        return f"车辆信息:{self.year}年生产的{self.name}"
class ECar(Car):                                 #定义子类
    def __init__(self, name, year, battery):     #电动汽车初始化
        super().__init__(name, year)             #先初始化父类的属性
        self.battery = battery                   #再初始化子类特有的属性
    def battery_info(self):                      #添加子类特有的方法
        print(f"电池容量:{self.battery}kW·h")
mytesla=ECar("Tesla", 2022, 60)              #调用子类初始化方法建立子类对象
print(mytesla.show())                            #子类中继承父类的方法
mytesla.battery_info()                           #调用子类特有的方法
```

程序运行结果：

```
车辆信息:2022年生产的Tesla
电池容量:60kW·h
```

4. 重写父类方法

父类方法不符合子类需求，可以在子类中重新编写，使其功能更加符合子类的需求，子类中的方法会把父类同名的方法覆盖。

【例8-8】重写电动汽车类Ecar中的show()，使其能完成显示车名、生产日期以及电池容量等信息。

```
class Car:
    def __init__(self, name, year):
        self.name=name
        self.year=year
    def show(self):
        return f"车辆信息:{self.year}年生产的{self.name}"
```

```
class ECar(Car):                                    #定义子类
    def __init__(self, name, year, battery):        #电动汽车初始化
        super().__init__(name, year)                #先初始化父类的属性
        self.battery=battery                        #再初始化子类特有的属性
    def battery_info(self):                         #添加子类特有的方法
        print(f"电池容量:{self.battery}kW·h")
    def show(self):
        return f"车辆信息:{self.year}年生产的{self.name}，最大行驶距离650千米"
mytesla=ECar("Tesla", 2022, 60)             #调用子类初始化方法完成建立子类对象
print(mytesla.show())                       #继承父类的方法
mytesla.battery_info()                      #调用子类特有的方法
```

程序运行结果：

```
车辆信息：2022年生产的Tesla，最大行驶距离650千米
电池容量：60kW·h
```

任务分析

矩形、正方形、圆都属于几何图形，都有周长和面积的概念，但计算方法又各不相同。

为便于理解和处理，可以考虑先建立一个抽象几何图形（Shape）概念（类），对于任何封闭几何图形，理论上都能计算周长和面积；但是，在没有明确图形种类的情况下，周长和面积的具体计算方法是无法确定的。通常可以在抽象几何图形概念的基础上，再依次建立矩形、正方形、圆这几个具体的图形概念。

对于矩形，其核心要素是宽度和高度，一旦这两个要素明确，矩形的周长与面积就容易计算；同样，对于正方形，其核心要素是边长，一旦边长确定，计算正方形的周长和面积也易如反掌；依此类推，同样可以明确圆应该怎么定义。图形继承关系如图8-2所示。

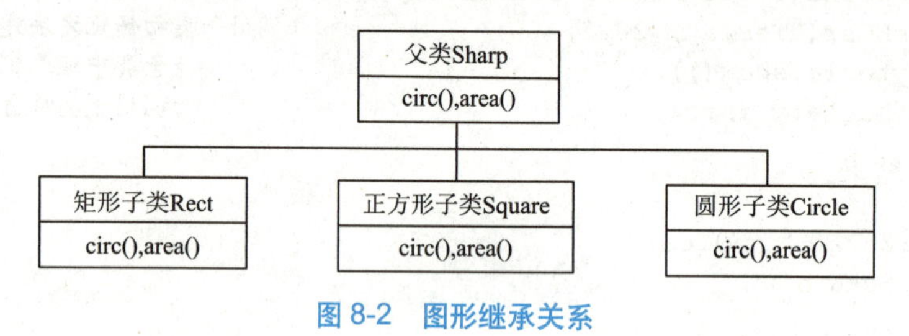

图 8-2　图形继承关系

任务实施

定义基类Shape，并定义3个子类：矩形类Rect、正方形类Square、圆形类Circle。

程序代码如下：

```
import math                         #导入数学处理模块，为程序中使用π值做准备
class Shape:                        #定义基类——抽象图形（Shape）类
    def circ(self):                 #计算周长
        pass
    def area(self):                 #计算面积
        pass
```

```
class Rect(Shape):                     #继承Shape类，定义矩形类
    def __init__(self, width, height): #定义构造方法，初始化矩形宽度与高度
        self.width=width
        self.height=height
    def circ(self):                    #重写circ()方法，实现计算矩形周长功能
        return 2 * (self.width + self.height)
    def area(self):                    #重写area()方法，实现计算矩形面积功能
        return self.width * self.height
class Square(Shape):                   #继承Shape类，定义正方形类
    def __init__(self, edge):          #定义构造方法，初始化正方形边长
        self.edge=edge
    def circ(self):                    #重写circ()方法，实现计算正方形周长功能
        return 4 * self.edge
    def area(self):                    #重写area()方法，实现计算正方形面积功能
        return self.edge * self.edge
class Circle(Shape):                   #继承Shape类，定义圆形类
    def __init__(self, radium):        #定义构造方法，初始化圆半径
        self.radium = radium
    def circ(self):                    #重写circ()方法，实现计算圆周长功能
        return 2 * math.pi * self.radium
    def area(self):                    #重写area()方法，实现计算圆面积功能
        return math.pi * self.radium * self.radium
#创建一个宽度、高度分别为8和5的矩形对象shape
shape=Rect(8, 5)
#计算并输出上述矩形的周长与面积
print(f"宽度、高度分别为8、5的矩形周长为:{shape.circ()},面积:{shape.area()}")
#创建边长为5的正方形对象并赋值给shape
shape=Square(5)
#计算并输出上述正方形的周长和面积
print(f"边长为5的正方形周长:{shape.circ()},面积:{shape.area()}")
#创建半径为5的圆形对象并赋值给shape
shape=Circle(5)
#计算并输出上述圆形周长与面积
print(f"半径为5的圆周长:{shape.circ():.2f},面积分别为{ shape.area():.2f}")
```

程序运行结果：

```
宽度、高度分别为8、5的矩形周长、面积分别为26, 40
边长为5的正方形周长、面积分别为20, 25
半径为5的圆周长、面积分别为31.42, 78.54
```

单元小结

本单元介绍了Python中面向对象的基础知识，主要涉及以下几点：面向对象编程的基本思想、面向对象编程的三大特征、类与对象、类的继承。这些内容都是面向对象最最基础的内容，希望多加练习和理解。

课后练习

1. 定义表示人的Person类，在__init__方法（构造方法）中初始化姓名（name）、性别（sex）、年龄（age）等3个属性，并定义分别用于完成修改年龄和读取年龄的set_age()、get_age()方法以及用于返回所有基本信息的__str__()方法。

2. 在Person类的基础上，进一步定义中国人（Chinese）、英国人（British）两个类，在Chinese类中增加政治面貌（political_status）属性，并定义分别用于设置、读取政治面貌属性的set_political_status()方法和get_political_status()方法；在Briton类中增加信仰（faith）属性，再定义set_faith()、get_faith()方法用于完成对faith属性的设置与读取处理。在两个类的构造方法中调用Person类构造方法（可用super().__init__()的形式调用）完成对姓名、性别、年龄的初始化，然后再分别进行对政治面貌、信仰信息属性进行初始化；为两个类重载基类中的__str__()方法，以易于理解的形式分别返回一个中国人和一个英国人的基本信息。

3. 分别创建Chinese、British类的对象chinese和british并完成初始化，初始化数据分别为{"李华","女",19,"共青团员"}和{"Alice","Female",22, "None"}，使用print()函数输出这两个对象；然后调用chinese对象的set_age()方法修改年龄为21，调用set_political_status()方法将政治面貌属性修改为“党员”，然后输出改变以后的chinese对象；调用british对象的set_age()方法修改年龄为29，使用其set_faith属性修改信仰属性为“ABC”，最后输出改变以后的british对象。观察执行过程及结果，理解类的继承方法及其工作机制。

第9单元 异常处理

知识目标

- 理解异常处理的作用与基本思路。
- 熟悉Python程序中异常处理的基本语法结构。

能力目标

- 掌握Python程序中典型异常处理方法。
- 掌握自定义异常及其处理方法。

在平时的生产生活实践中，经常可能出现一些意想不到的情况。这些情况有的可能是疏忽所致、可以设法避免，有的则可能是环境使然、无法完全避免。例如，人们平时在室外想用手机上网时，如果忘记打开数据连接，就会无法上网，这就属于疏忽所致、可以设法避免的意外情况；但是，有的时候，即使打开了数据连接，如果所在位置没有手机信号，也会无法上网，这种情况就属于环境使然、无法完全避免的意外情况。

对于可能影响目标任务正常完成的意外情况，如果是可以设法避免的，就应该尽最大可能减少疏忽以避免意外情况的出现；如果是无法完全避免的，就需要针对这些可能出现的意外情况事先准备好应对方案。

在程序设计过程中，对于可能出现的意外情况，在程序中有针对性地设计应对预案，以确保程序整体的可靠性与正确性，就是异常处理。

任务 9.1 防患于未然——认识异常机制

防患于未然——认识异常机制

任务目标

输入并运行简单的Python程序，分析运行结果，理解程序中语法错误与异常的特点。

知识准备

1. 语法错误

如果程序的写法不符合编程语言的规定，就会出现语法错误。

在Python语言中，语法错误可以分为3种情形：

（1）拼写错误

程序中的关键字被写错，或者变量名、函数名存在拼写错误等。例如，将for错写为four、print错拼为prin等。

存在关键字拼写错误的程序运行时系统会提示SyntaxError（语法错误），存在变量名、函数名拼写错误的程序运行时系统则会提示NameError。

（2）程序不符合Python语法规范

程序代码不符合语法规范，如括号不匹配、缺少冒号等。例如：

```
eval(input("请输入部门人数：")            #括号不匹配
```

（3）缩进错误

与大多数编程语言不同，缩进在Python程序中具有非常重要的含义，是否正确缩进不仅影响程序的美观程度，还会直接影响程序的含义。例如：

```
#缩进在Python程序中的意义
for i in range(1 ,8):
    print(i)

#缩进在Python程序中的意义
for i in range(1 ,8):
print(i)
```

这两段程序表面上只有缩进方面的差别，但就因为这个差别，其运行结果完全不同。第一段代码将依次输出1～8这8个整数，每个整数占一行；而第二段代码则直接无法运行，系统提示“IndentationError: expected an indented block”，说明程序存在缩进错误。

2. 程序异常

异常是程序在运行过程中出现的错误，很多时候无法完全避免。例如，输入数据格式不正确（如要求输入一个整数，实际输入一个小数）、要打开的文件不存在、要访问的文件数据丢失、要连接的网络服务器宕机等情况。这些情况的出现，都可能导致程序无法继续运行，但这些情况很多都是无法事先避免的。

任务分析

在学习如何进行程序异常处理以前，可以先试着运行分别存在语法错误和异常的程序，通过分析程序运行情况来认识语法错误和程序异常的特点。

任务实施

1. 程序语法错误分析

在PyCharm中输入并运行以下Python程序，观察运行过程，结合反馈信息分析其原因。

【例9-1】语法错误程序范例：程序使用循环打印指定个数的星号。

程序代码如下：

```
starnum=8
for count in range(1,8)
    print("*", end="")
```

程序运行结果：

```
 File "D:\j教学材料\python\教材\版本1\素材\1初识Python\9-1.py", line 2
    for count in range(1,8)
                          ^
SyntaxError: expected ':'
```

其中，错误信息说明在源程序的第2行存在语法错误（SyntaxError），具体来说，就是在for语句所在行（第2行）最后缺少冒号。存在语法错误的程序是无法运行的。

2. 程序异常分析

在PyCharm中输入并运行以下部门平均工资计算程序，观察运行过程，结合反馈信息分析原因：

【例9-2】异常机制范例：根据输入的部门工资总额及部门人数，计算部门平均工资。

程序代码如下：

```
total=eval(input("请输入部门工资总额："))
num=int(input("请输入部门人数："))
average=total/num
print("部门平均工资为", average)
```

运行该程序，如果在输入部门人数时输入0，将得到如下所示的反馈：

```
请输入部门工资总额：23500
请输入部门人数：0
Traceback (most recent call last):
  File "D:\j教学材料\python\教材\版本1\素材\1初识Python\9-1.py", line 3, in <module>
    average=total/num
ZeroDivisionError: division by zero
```

反馈信息表明，程序出现了除零异常，也就是进行除法运算时出现了除数为0的情况。出现了异常，在没有进行相应异常处理的情况下，程序将在出现异常处终止运行。

```
请输入部门工资总额：20000
请输入部门人数：10.2
Traceback (most recent call last):
  File "D:\j教学材料\python\教材\版本1\素材\1初识Python\9-1.py", line 2, in <module>
    num=int(input("请输入部门人数："))
ValueError: invalid literal for int() with base 10: '10.2'
```

再次运行该程序，如果在输入部门人数时输入一个非整数（如10.2），程序也将产生异常并终止运行。反馈信息表明程序出现了值异常，具体原因是程序的第2行要求输入部门人数，应该是一个整数，结果输入了一个非整数，程序无法完成从输入内容到整数的转换，就引发了异常。

任务 9.2 有备无患——学会处理异常

视频

有备无患——学会处理异常

任务目标

完善上述部门平均工资计算程序，对可能出现的工资总额数值格式不正确、部门人数为0等异常进行处理，确保程序不因为这两类异常情况而中断退出。

通过完成上述程序修改，达到以下目标：

① 理解异常处理的基本思路。

② 熟悉Python程序中进行异常处理的基本语法结构。

知识准备

1. 异常处理的基本思路

对于程序中可能产生异常的操作，可以将相关代码放在特定的try结构语句块中去尝试执行，在try结构后面设置若干个异常处理语句块，每个语句块由一个except子句引导，可以处理一种或几种异常；try结构中的语句在执行过程中如果产生了异常，程序将直接跳转到相匹配的异常处理语句块，并执行相应的异常处理方案。

2. 异常处理的程序结构

在Python程序中，完成异常处理的程序基本结构如下：

```
try:
    可能产生异常的语句序列
except 异常1 [as 异常变量1]:
    异常1处理方案
[except 异常2 [as 异常变量2]:
    异常2处理方案
…
else:
```

```
        无异常情况应执行的方案
finally:
        任何情况下都要执行的操作序列
```

该结构的执行流程如图9-1所示。

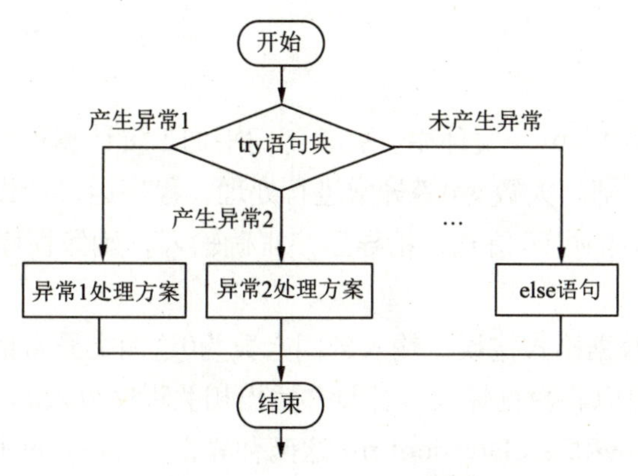

图 9-1 异常处理流程

每个异常处理程序段中可以有一个或多个except子句，每个except子句捕获并处理一种或多种异常。程序段运行时，将首先尝试执行try语句块，执行过程中如果出现了异常1，就直接跳转执行异常1处理方案；如果出现了异常2，就跳转执行异常2处理方案……如果没有出现任何异常，就执行else语句块（如果存在）；无论是否出现异常，都要执行最后的finally语句块（如果存在），该语句块通常用于完成释放资源等收尾性任务。

3. Python语言中的内置异常

为了更好地支持程序设计实践中可能遇到的常见异常情况处理，Python语言中定义了一系列的内置异常，如表9-1所示。

表 9-1 内置异常

序号	异常名称	描述
1	AttributeError	引用属性或为属性赋值出错时引发的异常
2	EOFError	遇到文件末尾引发的异常
3	ImportError	使用 import 语句尝试导入模块出错引发的异常
4	IndexError	索引越界引发的异常
5	IOError	输入 / 输出操作引发的异常
6	KeyError	进行字典操作时访问不存在的关键字引发的异常
7	NameError	使用错误的变量（函数）名引发的异常
8	ValueError	操作或函数接收到值与类型不匹配的参数时引发的异常
9	IndentationError	代码缩进不正确引发的异常
10	ZeroDevisionError	除数为零引发的异常

如果需要处理这些内置异常，可以在try语句块后面的except子句中直接指定相应的异常名称并定义出现相应异常情况时应做的处理。程序运行时如果出现了某种内置异常，程序将直接跳转到对应的异常处理子句部分执行。

任务分析

在了解了程序中产生异常的常见原因、异常无法完全避免的特性以后，通过学习范例并完成练习，掌握在Python程序中进行异常处理的基本方法。

任务实施

在新建立的“任务9-2.py”文件中，完善部门平均工资计算程序，对可能出现的工资总额数值格式不正确、部门人数为0等异常进行处理，程序运行过程中如果出现相关异常情况，程序应显示相应的提示信息，指导用户正确输入，确保程序不因为这两类异常情况的出现而中断退出。

要达到出现输入数据格式错误、输入部门人数为0这两类异常情况，程序不会因异常而中断退出的目标，可以将数据输入、计算并输出相关程序放入try结构中，后面用except子句分别处理ValueError和ZeroDivisionError这两种异常，在except子句中输出相应的错误提示信息。

```
#异常机制范例
#根据输入的部门工资总额及部门人数，计算部门平均工资
while True:
    try:
        total=eval(input("请输入部门工资总额："))
        num=int(input("请输入部门人数："))
        average=total/num
        print("部门平均工资为", average)
    except ValueError as ve:
        print("出现数据格式错误！",ve.__str__())
    except ZeroDivisionError as zderr:
        print("出现除0错误！",zderr.__str__())
    except SyntaxError as se:
        print("出现语法错误！",se.text)
```

程序运行时，如果输入部门人数为0，程序将反馈“出现除0错误！……”的提示信息并提示重新输入数据；如果输入的部门人数包含小数，程序将反馈“出现数据格式错误！……”的提示信息并提示重新输入数据；另外，代码中加入了对工资总额的异常处理，如果输入的工资总额数据格式不正确，程序将反馈“出现语法错误！……”。增加异常处理逻辑以后，就不会再出现因数据格式错误、除数为0两种异常导致程序中断并退出的现象。以上异常输出结果如下：

```
请输入部门工资总额：100000
请输入部门人数：0
出现除0错误！ division by zero
请输入部门工资总额：100000
请输入部门人数：8.2
出现数据格式错误！ invalid literal for int() with base 10: '8.2'
请输入部门工资总额：1000t5
出现语法错误！ 1000t5
```

任务9.3 特殊情况——自定义异常及其处理

视频

特殊情况——自定义异常及其处理

任务目标

完善部门平均工资计算程序，定义适用于特定场合的异常（部门人数不合理异常），并完成自定义异常的抛出与处理。

知识准备

1. 自定义异常的定义

要定义一种适用于特定应用场合的异常，需要定义一个自己的异常类，该类应继承于Exception类，如下所示：

```
class UDError(Exception):
    pass
```

自定义异常类中可以根据需要定义自己的属性和方法，如构造方法_ _init_ _()和类说明方法_ _str_ _()等。

2. 手工抛出异常

在Python程序中，可以使用raise手工抛出异常。基本格式如下：

```
raise 异常对象名
raise 异常对象名, 附加数据
raise 异常类名
```

如果程序中raise后面只指定了异常类名，系统将自动调用该类的无参构造方法创建一个对象。

任务分析

在具体的应用场合，对于数据是否合理可能会有一些不同于常规场合的规则，一旦不符合规则就应视为无效数据，需要进行适当的异常处理以进一步保证应用系统业务逻辑的正确性。例如，500这个数，单纯作为一个整数来看，是没有什么问题的，但是，如果在一个用于录入部门员工基本信息的应用系统中，需要输入某员工年龄时，输入500，很明显就是不合理的。这种情况下，输入了明显不合理的数据就应视为产生了异常，有必要进行异常处理。

这就需要在应用系统中定义一些只适用于本系统的异常（自定义异常），在相关异常情况出现时程序应抛出相应的自定义异常，并用适当的方式来处理这些异常。

任务实施

新建“任务9-3.py”，输入以下三步的程序代码：

1. 定义数据无效异常类（DataInvalidError）

```
class DataInvalidError(BaseException):
    def __init__(self,name,value):
        self.name=name
        self.value=value
    def __str__(self):
        return self.name + "数据【" + self.value+"】取值不合理"
```

2. 抛出并处理数据无效异常

```
while True:
    try:
        total=eval(input("请输入部门工资总额："))
        num=int(input("请输入部门人数："))
        if num<1 or num>100:
            raise DataInvalidError("部门人数", str(num))
        average=total/num
        print("部门平均工资为", average)
    except DataInvalidError as die:
        print(die)
    except ValueError as ve:
        print("出现数据格式错误！", ve.__str__())
    except ZeroDivisionError as zderr:
        print("出现除0错误！", zderr.__str__())
    except SyntaxError as se:
        print("出现语法错误！", se.text)
```

程序运行结果：

```
请输入部门工资总额：100000
请输入部门人数：0
部门人数数据【0】取值不合理
请输入部门工资总额：100000
请输入部门人数：150
部门人数数据【150】取值不合理
请输入部门工资总额：
```

单元小结

通过本单元的学习，在处理异常时需要注意以下几方面：

1. 语法错误与异常

① 产生语法错误的主要原因包括关键字、变量与函数拼写错误，程序不符合语法规则以及程序未正确缩进等。语法错误通常是可以避免也应该避免的。

② 异常是程序运行时出现的错误，经常是无法事先预见或者虽然事先能预见但无法完全避免的。

2. 异常处理的基本方法

① 将可能引发异常的代码放到try...except结构中。

② 每个try结构可以有一个或多个except子句，每个except子句用于捕获并处理一种或多种异常。

③ 未出现任何异常时应完成的后续操作可放在else子句中进行。

④ 无论是否出现异常均需要完成的后续操作可放在finally子句中。

3. 自定义异常及其处理

① 自定义异常类应继承Exception类。

② 可用raise语句在程序中适当位置手工抛出异常。

③ 自定义异常的处理方式与内置异常一样。

课后练习

1. Python 程序中产生语法错误的主要原因有哪些?

2. 编写程序，模拟商场购物结算过程，依次输入购买的每一种商品的单价与数量，最后汇总并输出购物总额。根据实际情况完成必要的异常处理，既要避免因输入的单价、数量数据不符合格式要求而导致程序中断并退出（内置异常），也要在输入的商品单价、数量数据明显不合理（如价格出现负值、数量为 0 或负值等）时给出合适的提示（自定义异常）。

第10单元 文件操作

知识目标

- 了解Python中处理的文件的类型。
- 掌握文本文件的读/写方法。

能力目标

- 能够对文本文件进行读操作。
- 能够对文本文件进行写和追加。

在前面单元中处理数据时，要么是在程序运行时通过键盘输入，要么写在程序中。当数据量很大时，每次运行程序都要输入一遍所需的数据，十分麻烦；如果将数据写在程序中，每次修改数据都要重新修改源程序，很不方便。另外，无论是键盘输入还是写在程序中，程序处理后的数据只能在屏幕上显示，无法长久存放。有时希望程序运行到一半时需要保留当前状态，以后在当前状态继续，如录入成绩时要去办事，中间退出需要保存已经录入的数据。这种需要保存数据的问题如何解决？

为解决上述问题，Python在处理大量数据时，采取将程序和数据分离的方法，即将数据单独以文件或数据库形式存储，这样在处理大量的数据时十分便于输入和长期保存。文本文件是一种简单易用的存储方式，可以存储的数据量多得难以置信，交通数据、天气数据、社会经济数据、系统日志文件、项目运行状态数据等都可以文本文件形式存储。以文件形式存储数据，是用一种简单的方式实现数据和程序分离。

任务10.1 读取产量数据——读文件

视频

读取产量数据——读文件

任务目标

某制造企业实施计件制考核，要求记录每个车间工人生产产品的数量。请使用Python设计一个产量管理程序，以方便管理每个车间工人的生产数量。

基本功能：各车间生产数据存放在名称为shop01.txt、shop02.txt……的文本文件中，设计一个主菜单，通过选择，显示指定车间的生产情况，如图10-1所示。

```
输入车间对应的文件名(如shop01.txt)：shop01.txt

    工人产量管理系统
    -------------
    1.显示指定车间产量
    2.按工号查找工人
    3.添加工人产量
    4.删除工人产量
    5.修改工人产量
    0.退出系统

输入数字，执行相应操作：
```

图10-1 工人产量管理系统主界面

知识准备

1. 文件分类

文件（File）是存储在外部介质上一组相关信息的集合。根据文件数据的组织形式，Python的文件分为文本文件和二进制文件。

文本文件的每一个字节存放一个ASCII代码，代表一个字符，文件的扩展名一般为“.txt”，如readme.txt。

二进制文件是把内存中的数据按其在内存中的存储形式原样输出到磁盘上存放。图形图像文件、音频视频文件、可执行文件等都是常见的二进制文件，如photo.jpg、“操作说明.avi”等。

2. 文件操作流程与访问模式

（1）文件操作的一般过程

文件操作的主要过程如图10-2所示。

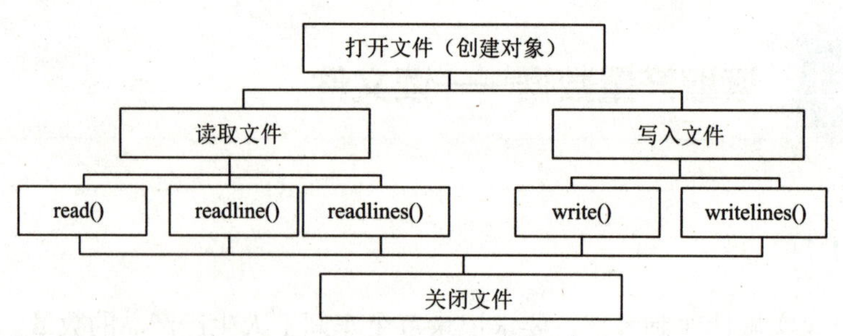

图 10-2　读 / 写文件流程

无论是读取文件还是写入文件，一般都遵循如下步骤：

① 打开文件并创建文件对象。

② 对文件内容进行读/写操作。

③ 关闭文件。

（2）打开文件

打开文件的格式如下：

```
file 文件对象 =open(" 文件 ", " 模式 ")
```

其中，“文件”指要打开的文件名，包括文件的路径和名称，如果要打开的文件不在当前文件夹下，需要指定文件的路径，可以使用绝对路径和相对路径两种方式：

① 绝对路径格式：路径从盘符开始，即使用类似c:/abc/a.txt或c:\\abc\\a.txt的格式，要注意斜杠“/”和反斜杠转义符“\”的区别。

② 相对路径格式：../abc/a.txt或..\\abc\\a.txt。

一般建议使用R或r开头的路径，例如，要打开D:\pythonprj \file_utf8.txt，可以在文件名前指定r或R开头的路径，格式如下：

```
f=open(r"D:\pythonprj \file_utf8.txt", 'r',encoding='utf8')
```

（3）打开模式

文件打开的模式决定后续操作是只读、写入或追加等，具体如表10-1所示。

表 10-1　文件打开模式

模　式	说　明
r	以只读方式打开文件。文件指针将会放在文件的开头，是默认模式
w	以写入方式打开文件。如果该文件已存在，则覆盖；如果文件不存在，则创建新文件
a	以追加方式打开文件。如果该文件已存在，则文件指针将会放在文件的结尾，新的内容将会追加到已有内容之后；如果该文件不存在，则创建新文件从头写入
rb	以只读方式打开二进制格式文件。文件指针放在文件的开头
wb	以写入方式打开二进制格式文件。如果该文件已存在，则将其覆盖；如果该文件不存在，则创建新文件
ab	以追加方式打开二进制格式文件。如果该文件已存在，文件指针将会放在文件的结尾，新内容将写入到已有内容之后；如果该文件不存在，则创建新文件进行写入
r+	打开一个文件用于读 / 写。文件指针将会放在文件的开头

续表

模　式	说　明
w+	打开一个文件用于读/写。如果文件已存在，则将其覆盖；如果文件不存在，则创建新文件
a+	打开一个文件用于读/写。如果该文件已存在，文件指针将会放在文件的结尾，文件打开时会是追加模式；如果该文件不存在，则创建新文件用于读/写
rb+	以二进制格式打开一个文件用于读/写。文件指针将会放在文件的开头
wb+	以二进制格式打开一个文件用于读/写。如果该文件已存在，则将其覆盖；如果该文件不存在，则创建新文件
ab+	以二进制格式打开一个文件用于追加。如果该文件已存在，文件指针将会放在文件的结尾；如果该文件不存在，则创建新文件用于读/写

下面将几种常见文件操作方式做一下对比，以方便今后正确使用，具体对比情况如表10-2所示。

表 10-2　常见文件操作方式的对比

模　式	可 做 操 作	若文件不存在	是 否 覆 盖
r	只能读	报错	否
r+	可读可写	报错	是
w	只能写	创建	是
w+	可读可写	创建	是
a	只能写	创建	否，追加写
a+	可读可写	创建	否，追加写

3. read()方式读取文本文件

文本文件的读操作就是把磁盘上文件的内容读取到内存中。读取的方法有很多种，其中最简单的是read()方式，下面进行详细介绍。

【例10-1】文本文件record.txt中记录着工人生产产品的数量，内容如下：

```
No,Name,num
01,Tom,99
02,Mike,88
03,Jack,89
```

请使用read()方法将当前生产数据读取并显示出来。

程序代码如下：

```
f=open("record.txt", 'r')
s=f.read()
print(s)
f.close()
```

程序运行结果：

```
No,Name,num
01,Tom,99
```

```
02,Mike,88
03,Jack,89
```

其中，r表示用只读模式读取文本文件内容，read()方式读取从当前位置到文件末尾的内容。如果是刚用open()打开的文件对象，则读取整个文件，读取的内容作为字符串返回给变量。

注意：

① 对于文本内容全部由纯ASCII字符构成的文本文件，Python不需要指定读写格式，都能正确处理。

② Python程序文件.py本身的编码和其中输入的非ASCII字符编码不一致时，如某Python程序文件是UTF-8编码，但向该文件内容中复制了一些GBK编码的汉字，Python尝试运行时会报以下错误：

```
SyntaxError: Non-UTF-8 code starting with '\xce' in file…
```

解决方法是在该.py程序文件首行添加一条编码声明语句，例如：

```
#  coding=utf8
```

③ 注意编码问题：如果要打开的文件有汉字等非ASCII字符，可能提示编码错误或显示乱码，此时需要打开文本文件，查看其编码方式：

- 如果文本文件是ANSI编码，打开提示错误或乱码，open语句要修改为：

```
f=open("file_gbk.txt", 'r',encoding='gbk')
```

- 如果文本文件是utf-8编码（如file_utf8.txt），打开提示错误或乱码，open语句要修改为：

```
f=open("file_utf8.txt", 'r',encoding='utf-8')
```

- 如果打开时没有错误，可以不用添加encoding语句。

④ 如果要打开的文件不存在，则报如下错误：

```
FileNotFoundError: [Errno 2] No such file or directory
```

无论使用哪种方式打开文件，操作后都要记得使用close()关闭文件，但程序员在实际编程过程中很容易忘记。于是，Python提供了另一种打开文件的方式：with操作方式，可以避免忘记关闭的情况。

4. with方式打开文本文件

格式如下：

```
with open("文件名", "打开模式")  as file对象:
    操作file对象
```

with方式打开文件并在操作后会自动关闭文件，避免用户忘记关闭的问题。

【例10-2】使用with方式读取整个文本文件record.txt并输出。

程序代码如下：

```
with open("record.txt ", "r") as f:
```

```
    print(f.read())
```

程序运行结果：

```
No,Name,num
01,Tom,99
02,Mike,88
03,Jack,89
```

同样，如果打开指定编码的文本文件，如打开UTF-8编码的文本文件file_utf8.txt，其内容为：

```
姓名,年龄,成绩
张飞,33,83
刘备,36,99
```

读取文件时，代码要做如下修改：

```
with open("file_utf8.txt ", "r",encoding='utf8') as f:
    print(f.read())
```

程序运行结果：

```
姓名,年龄,成绩
张飞,33,83
刘备,36,99
```

5. read(size)读取一定字节数的文本文件内容

read()方式每次读取整个文件并存放到一个字符串变量中，但当文件大小超过可用内存容量时（如文件有5 GB，内存可用空间只有4 GB），则出现内存不足的问题，Python会提示内存溢出（MemoryError）的错误。为避免内存溢出问题，Python提供了read(size)、readline()、readlines()等方法限制每次读取的数据量，read()、readline()、readlines()均可接收一个变量用以限制每次读取的数据量。

read(size)中的size是指每次从文件中读取多少个字节的内容，可以精确控制读取的字节数，但当文本文件中每行字符长度不一致时会出现跨行的问题。

【例10-3】使用read(size)读取文本文件record.txt中的内容，每读取10字节的内容就输出一次。

程序代码如下：

```
f=open("record.txt", 'r')
n=10                          #每次读取10字节
s=f.read(n)
while s!='':
    print(s)
    s=f.read(n)
f.close()
```

程序运行结果：

```
No,Name,nu
```

```
m
01,Tom,9
9
02,Mike,
88
03,Jack
,89
```

本例中每行的字节数不一样，每次读取10字节（包括行尾一个不可见的结束符\n），每10字节输出一次，如第一组的10个字符为“No,Name,nu”，第二组的10个字符为“m\n01,Tom,9”，因包含\n换行符，输出时遇到\n会输出一个换行。

6．readline()逐行读取文本文件内容

readline()方式按行读取内容，即读取从当前位置到当前行行末（即下一个换行符）的所有字符（包括行结束符），并作为字符串返回给变量。如果当前文件指针处于文件末尾，则返回空字符串。

【例10-4】使用readline()逐行读取文本文件record.txt中的内容，并逐行输出。

程序代码如下：

```
f=open("record.txt", 'r')
# 读取一行内容，并把最后的换行去除，避免输出时有多余空行
s=f.readline().rstrip()
while s!='':
    print(s)
    s=f.readline().rstrip()
f.close()
```

程序运行结果：

```
No,Name,num
01,Tom,99
02,Mike,88
03,Jack,89
```

readline()方式默认会把每行行尾的结束符\n也读进来，因为print默认输出后也会换行，所以直接输出readline()读取的行，会在行尾输出两次换行。为避免这种情况，可以在print语句中添加rstrip()，可以避免readline()读取行结束符\n。

7．readlines()读取整个文本文件内容

readlines()一次性读取整个文件，并返回一个列表，列表项由文本文件中的行组成，如果文件太大，超过可用内存时，也会引发内存错误。

【例10-5】使用readlines读取record.txt中所有行并显示结果。

程序代码如下：

```
f=open("record.txt","r")
lt=f.readlines()                    #返回由文本文件各行构成的列表
print(lt)                           #输出列表项，即按行输出内容
for line in lt:
    print(line.rstrip())            #输出列表项，并消除每项结尾的\n
```

程序运行结果：

```
['No,Name,num\n', '01,Tom,99\n', '02,Mike,88\n', '03,Jack,89\n']
No,Name,num
01,Tom,99
02,Mike,88
03,Jack,89
```

列表项对应文本文件中的行，注意\n换行符也包含在列表项中。

read()、readcsize()、readline()、readlines()四种方式的特点对比如表10-3所示。

表 10-3　四种读文件方式对比

读文件方式	读取范围	存放方式	返回值
read()	每次读取整个文件	读取的内容放到一个字符串变量	str 类型
read(size)	每次读取 size 字节	读取的内容放到一个字符串变量	str 类型
readline()	每次读取文件的一行	读取的一行内容存入字符串变量	str 类型
readlines()	按行读取整个文件内容	读取到的内容放到一个列表中	list 类型

任务分析

按照任务10.1的要求，各车间生产数据以文本文件形式存放在磁盘上，要实现打开指定车间对应的文件并显示该车间全部工人的产量，需要执行文本文件的读取操作。为方便操作和后续功能扩展，先设计如图10-1所示的主菜单，输入菜单序号调用相应函数功能。

任务实施

为实现任务10.1中读取指定车间产量并显示的功能，同时考虑到后续功能的扩展，需要先做一些准备工作。

1. 设计主程序

打开相应车间产量的文件，并通过选择主菜单完成相应的操作，程序代码如下：

```
def show_num(shop_name):                        #输出产量
    pass
def search(shop_name):                          #查找工人产量
    pass
def add_num(shop_name):                         #添加工人产量
    pass
def table_line():                               #打印表格线
    pass
def header():                                   #打印表头
    pass
def show_menu():                                #输出菜单
    pass
# 主程序
if __name__=='__main__':
```

```
    cname=input("输入车间对应的文件名(如shop01.txt): ")
    # cname="shop01.txt"
    while True:
        show_menu()
        option=int(input("输入数字，执行相应操作: "))
        match option:
            case 1: show_num(cname)          #显示全体工人的产量
            case 2: search(cname)            #查找指定工号的工人产量
            case 3: add_num(cname)           #添加指定工人的生产信息
            case 4: pass                     #删除指定工人的生产信息，待完善
            case 5: pass                     #修改指定工人的产量，待完善
            case _: break                    #退出系统
```

其中，match部分也可以用if…elif…else代替。

2. 设计几个与显示产量相关的函数

```
def table_line():                            #打印表格线
    print("+---------------+---------------+---------------+")
def header():                                #打印表头
    table_line()
    print('|' + '工号'.center(14) + '|' + '姓名'.center(13) + '|' + '生产
数量'.center(13) + '|')
    table_line()
def show_menu():                             #输出菜单
    print('''
    工人产量管理系统
    -------------
    1.显示指定车间产量
    2.按工号查找工人
    3.添加工人产量
    4.删除工人产量
    5.修改工人产量
    0.退出系统
    ''')
```

3. 设计输出产量程序

输入数字1，使用readline()逐行输出全车间工人产量记录，代码如下：

```
def show_num(shop_name):                     #输出产量
    header()                                 #输出表格标题行
    with open(shop_name, 'r') as f:
        line=f.readline()                    #读第一行表头
        line=f.readline()                    #再读取表头下第一行数据
        while line.strip() != '':
            lt=line.rstrip().split(",")      #读取一行内容拆分成一个列表
            print(f"|{lt[0].center(15)}|{lt[1].center(15)}|{lt[2].center
(15)}|")
            line=f.readline()
        table_line()                         #输出表格结尾
```

程序运行结果如图10-3所示。

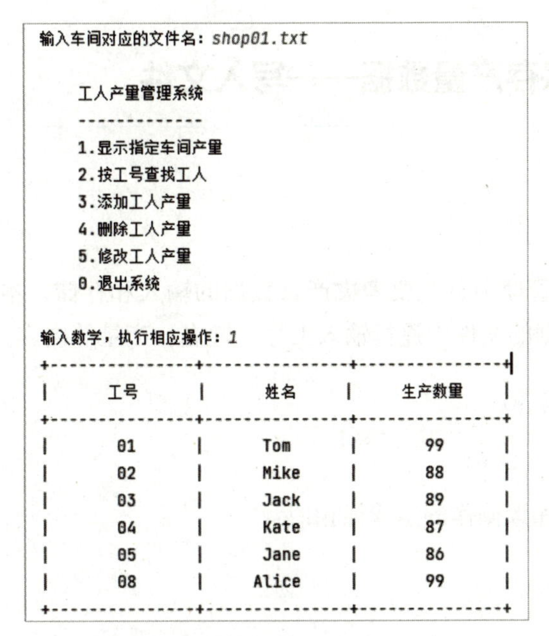
输入车间对应的文件名：shop01.txt

工人产量管理系统

1.显示指定车间产量

2.按工号查找工人

3.添加工人产量

4.删除工人产量

5.修改工人产量

0.退出系统

输入数字，执行相应操作：1

工号	姓名	生产数量
01	Tom	99
02	Mike	88
03	Jack	89
04	Kate	87
05	Jane	86
08	Alice	99

图 10-3　读取并显示全车间工人产量

4. 设计查找工人产量程序

可以在输出车间全部产量的基础上进一步完善，实现按工号查找指定工人的功能。具体代码如下：

```
def search(shop_name):                                #查找工人产量
    worker_NO=input("输入要查找工人的工号:")
    with open(shop_name, 'r') as f:
        line=f.readline()                             #读取表头下第一行数据
        flag=0                                        #判断是否查找到标识
        while line!='':
            lt=line.rstrip().split(",")               #将读取的一行内容拆分成一个列表
            if worker_NO==lt[0]:                      #lt[0]表示工号列
                header()
                print("|{0:^15}|{1:^15}|{2:^15}|".format(lt[0], lt[1], lt[2]))
                table_line()
                flag=1                                #查找到相应内容
                break
            line=f.readline()
        if flag==0:                                   #未查找到
            print("没找到! ")
```

程序运行结果如图10-4所示。

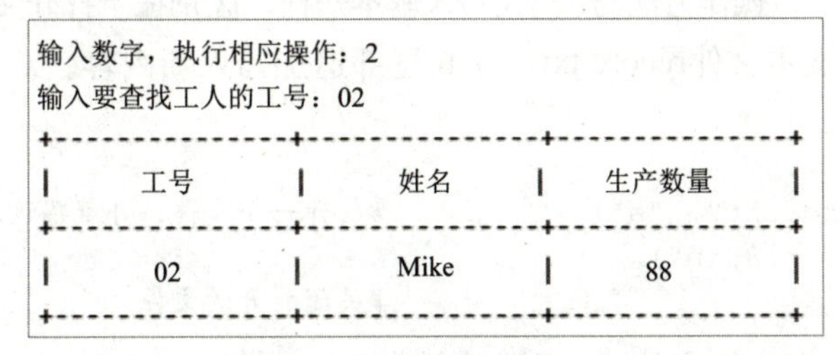
输入数字，执行相应操作：2

输入要查找工人的工号：02

工号	姓名	生产数量
02	Mike	88

图 10-4　按工号查询结果图

任务 10.2 保存产量数据——写入文件

保存产量数据——写入文件

在生产管理中首先要考虑产量数据的输入和存储，本任务要求能够向指定车间存储数据的文件内逐行输入工号、姓名、产量等内容。

知 识 准 备

1. 向文本文件写入新内容

文本文件写操作和读操作的步骤很相似：

① 打开文件。

② 写入内容。

③ 关闭文件。

注意：

写入时要选择w模式，w表示写入（write）。如果文件不存在，写入时会先建立文件，再写入指定内容；如果文件已经存在，则会覆盖原内容，再写入新内容，写入的内容如果希望换行，需要在行尾添加上\n。

【例10-6】打开文本文件record.txt，并写入新内容。

为方便以后使用，在输入本例代码前，先将文件record.txt备份为record2.txt。然后再新建例10-6.py，并输入以下程序代码：

```
f=open("record.txt", "w")                    #打开一个文件
f.write("06,David,99\n")
f.close()                                     #关闭打开的文件
```

程序运行后没有输出，打开record.txt查看发现原内容已经被清空，只有新写入的“06,David,99”。

2. 向文本文件追加新内容

上面写入内容到文件时，会清除原内容，而录入数据时经常会遇到先录入一部分工人数据，下次继续再录入的情况，这需要一种追加写入的方式。Python提供了追加a（append）模式写入文件，操作方法与w模式写入基本一样，区别在于打开文件方式由w改成a。

【例10-7】打开文本文件record.txt，在其尾部追加写入新内容。

程序代码如下：

```
f=open("record.txt", "a")                    #打开一个文件，并准备追加内容
f.write("01,Tom,89\n")
f.close()                                     #关闭打开的文件
```

程序运行结果是在文本文件record.txt中追加01这一行：

```
06,David,99
01,Tom,89
```

Python写入操作与读文件一样会遇到关闭问题，如果没有close()操作，新数据并不会保存到文件中。为避免忘记关闭文件，Python在写入时也提供了with语句，格式如下：

```
with open("record.txt ", "w") as f:
    f.write("01,Tom,89\n")
```

如果追加数据，只需要把with后面的打开模式由“w”修改为“a”。

任务分析

文件的写操作就是向文件中存入数据，即将内存数据输出到磁盘文件，实现数据长久存储。为实现数据录入，一般采用追加的方式比较合理，可以先录入一些数据，后续还可以追加一些新的数据。

任务实施

任务10.2中要完成添加工人产量的功能，使用追加的方式实现。程序执行结果如图10-5所示。

```
输入车间对应的文件名：shop01.txt

      工人产量管理系统
      --------------
      1.显示指定车间产量
      2.按工号查找工人
      3.添加工人产量
      4.删除工人产量
      5.修改工人产量
      0.退出系统

输入数字，执行相应操作：3
输入要添加工人的工号:06
输入要添加工人的姓名:Alice
输入要添加工人的产量:99
```

图 10-5　追加工人产量数据

具体代码如下：

```
def add_num(shop_name):                        #添加工人产量
    worker_NO=input("输入要添加工人的工号:")
    name=input("输入要添加工人的姓名:")
    product_num=input("输入要添加工人的产量:")
    with open(shop_name, 'a') as f:
        f.write(worker_NO+','+name+','+product_num+'\n')
```

运行后，再次选择菜单1，显示指定车间数据，会发现Alice的信息已经写入车间文件中，效果如图10-6所示。

```
        工人产量管理系统
        -------------
        1.显示指定车间产量
        2.按工号查找工人
        3.添加工人产量
        4.删除工人产量
        5.修改工人产量
        0.退出系统

输入数字，执行相应操作：1
+---------------+---------------+---------------+
|      工号     |      姓名     |    生产数量    |
+---------------+---------------+---------------+
|      01       |      Tom      |      99       |
|      02       |      Mike     |      88       |
|      03       |      Jack     |      89       |
|      04       |      Kate     |      87       |
|      05       |      Jane     |      86       |
|      06       |     Alice     |      99       |
+---------------+---------------+---------------+
```

图 10-6 追加后显示车间文件数据

单元小结

文本文件的读/写都是非常基础的操作，使用过程中需要注意r、w、a等模式的差别，同时要留心read()、read(size)、readline()、readlines()几种读文件的区别，写入时注意是全新写入（w模式）还是追加（a模式）。

课后练习

1. 使用写文件方式，建立一个文本文件 libai.txt，写入“人生得意须尽欢，莫使金樽空对月。天生我材必有用，千金散尽还复来。”注意每个句号后添加一个换行符“\n”。

2. 在上一题的基础上，向 libai.txt 文件中追加写入“烹羊宰牛且为乐，会须一饮三百杯。”最后添加一个换行符 \n。

3. 使用文件打开方式，读取 libai.txt，并显示其中的内容。

4. 从键盘输入若干字符串，逐个将它们写入文件 data1.txt 中，直到输入“*”时结束。然后从该文件中逐个读出字符串，并在屏幕上显示出来。

5. 本单元任务 10.2 中还有删除工人数据和修改工人数据功能，请尝试用不同的方式完成这两项功能。

第11单元 数据处理基础

知识目标

- 了解Python第三方库的作用。
- 掌握数据的处理与分析知识。
- 掌握数据可视化的基础知识。

能力目标

- 能够安装与使用第三方库。
- 能够使用第三方库对已有数据进行数据处理与可视化展示。

在互联网上有很多数据，如租房数据、天气数据、医疗数据等，如果能对这些数据进一步分析，最终形成直观的可视化图表，以辅助人们做出决策，将会更有效地发挥数据的作用。Python提供了强大的数据处理和数据可视化显示功能，使这些工作变得比较简单。

任务 11.1 看更大的世界——第三方库的安装

视频

看更大的世界——第三方库的安装

任务目标

掌握安装Python第三方库的方法，配置国内镜像，提高安装效率。

知识准备

1. 第三方库简介

Python之所以受到人们的喜爱，一个重要的原因是它拥有极其丰富的第三方库。各式各样的第三方库封装实现了各种功能，拓展和丰富了Python的功能，程序设计人员只要通过导入和使用合适的库，一般简单的寥寥数行代码就可以实现很复杂的功能，极大地简化了编程工作。图像识别、语音识别、深度学习、数据处理等很多领域都拥有一些非常有名的第三库，有兴趣的读者可到相关网站下载。

为了更好地使用数据处理、数据分析及数据可视化技术，一般借助一些第三方库，常见数据处理的第三方库如表11-1所示。

表 11-1 数据处理常见的第三方库

Python 包	说　明
re	用于正则表达式
requests	http 请求
lxml、Beautifulsoup4	页面解析
Matplotlib	数据可视化绘图库
NumPy、Pandas	数据处理与分析库

2. 第三方库安装

（1）默认安装方法

要使用第三方库，需要先安装相应的库，Windows系统中第三方库的默认安装方法如下：

```
pip install 包名
```

默认情况下，需要访问国外网站才能下载第三方库。

（2）国内临时安装第三方库的方法

在国内可以使用以下方法进行安装：

```
pip install 包名 -i https://mirrors.aliyun.com/pypi/simple/
```

其中，-i后使用国内阿里云镜像可以显著提高安装包的下载速度，同时可以减少下载不完整导致安装不成功的概率。

例如要安装第三方包lxml:

```
pip install lxml -i https://mirrors.aliyun.com/pypi/simple/
```

（3）国内长期安装第三方库的方法

如果在国内网络环境下经常要安装第三方库，又不想每次安装第三方库都输入-i和镜像源，可以修改pip默认源。在Windows环境下的修改方法如下：

① 打开Windows文件资源管理器，在路径处输入“%APPDATA%”并按【Enter】键，当前路径会转到C:\Users\admin\AppData\Roaming。直接在资源管理器中打开C:\Users\admin\AppData\Roaming也可以，如果看不到Roaming文件夹，可能需要取消隐藏功能。

② 在C:\Users\admin\AppData\Roaming中新建一个名为pip的文件夹，在该文件夹内再创建一个名为pip.ini的文件。

③ 打开文件pip.ini并在其中输入以下代码：

```
[global]
index-url=https://mirrors.aliyun.com/pypi/simple/
trusted-host=mirrors.aliyun.com
timeout=6000
```

其中，index-url = https://mirrors.aliyun.com/pypi/simple/是指定下载源，trusted-host=mirrors.aliyun.com 是指定域名，timeout = 6000 用于设置超时时间。

除了https://mirrors.aliyun.com/pypi/simple/以外，国内还有很多下载源地址都可以使用，可以根据喜好替换下载源和指定域名等参数。例如：

- 清华大学 https://pypi.tuna.tsinghua.edu.cn/simple/。
- 中国科技大学 https://pypi.mirrors.ustc.edu.cn/simple/。

④ 保存并退出文件pip.ini。

完成以上配置，安装第三方库时可以直接运行以下命令即可：

```
pip install 库名
```

这样就可以直接从指定的国内镜像网站安装相应的库，不用每次输入-i及之后国内的镜像网站。

3. 卸载第三方库安装

如果要卸载第三方库，可运行以下命令：

```
pip uninstall 库名
```

出现卸载提示，输入y即可。

注意：

如果PyCharm无法识别pip安装的第三方库，可以打开PyCharm“设置”菜单中“Python解释器”对话框，尝试更换“Python解释器”，或在对话框中单击“+”重新安装第三方库。

任务分析

Python拥有丰富的第三方库，大大拓展了Python的功能，简化了程序的复杂度，提高了开发效率。但第三方库默认情况需要从国外网站上安装，在国内安装时经常存在速度慢、安装意外中断等现象。为确保正确快速地安装，需要对其进行相应配置。

任务实施

安装数据分析处理的第三方库NumPy。

安装步骤：在Windows中右击“开始”按钮，选择“运行”命令进入命令行窗口，或者在PyCharm中打开终端窗口，运行以下命令：

```
pip install numpy
```

操作成功后会给出成功安装的英文提示。

任务 11.2 一图胜千言——数据分析与数据可视化

视 频

一图胜千言——数据分析与数据可视化

任务目标

根据获取的不同城市天气数据，研究同等条件下城市距离大海远近与最低、最高气温的关系，并以图表形式展示出来。

知识准备

数据分析与数据可视化是数据科学中的一个重要部分，也是Python的一个重要的应用领域。科学研究表明，人类对图形比文字更加敏感，从图形中获取信息的速度比从阅读文字获取信息的速度要快很多。将数据图形化即可视化展示是理解数据最直观的方式，数据可视化旨在借助于图形化手段，清晰有效地传达与沟通信息，用户能够更快地识别和理解数据，从而为决策提供数据上的支持。

数据分析是数据可视化的基础，通过对收集来的大量数据进行清洗、处理，形成方便研究或方便展示的数据集。

借助第三方包，Python创建数据可视化很简单。本单元中以简单易懂的方式介绍数据分析和数据可视化的基础内容，为今后继续深入学习数据科学做好铺垫。

在Python中可以进行数据可视化方式比较多，可以使用Echarts、Pyecharts、Matplotlib等，本单元主要介绍Matplotlib及相关的NumPy、pandas等第三方包。

1. NumPy库简介

NumPy（Numerical Python）是Python中一个著名的第三方数学扩展库，主要用于数组计算，支持多维度数组和矩阵运算，有丰富的函数支持数组运算，运行速度非常快，提供的*N*维数组对象ndarray功能十分强大，还支持广播功能函数、线性代数、傅里叶变换、随机数生成等功能，同时提供了整合C/C++/Fortran 代码的工具。

NumPy是Python中最基础也是最重要的工具库之一，使用Python做数据分析、数据可视化、机器学习都是基于NumPy进行计算的。此外，使用TensorFlow、PyTorch等各种著名的框架，NumPy也是必须要熟悉的。

Windows中安装NumPy的方法在任务11.1中已经完成。

【例11-1】使用NumPy实现简单矩阵运算。

程序代码如下：

```
import numpy as np
d1=np.eye(5)    #创建一个 5×5 单位矩阵
print(d1)
d2=np.array([[1, 2], [3, 4]])
print(d2)       #输出矩阵 "[[1 2]
                #          [3 4]]"
```

```
print(d2.T)        # 输出转置矩阵 "[[1 3]
                   #              [2 4]]"
```

程序运行结果：

```
[[1. 0. 0. 0. 0.]
 [0. 1. 0. 0. 0.]
 [0. 0. 1. 0. 0.]
 [0. 0. 0. 1. 0.]
 [0. 0. 0. 0. 1.]]
[[1 2]
 [3 4]]
[[1 3]
 [2 4]]
```

2．pandas库简介

pandas是Python数据分析与处理方面著名的第三方扩展库，它提供了大量的处理数据函数和方法，处理结构化数据变得十分简便。它主要用于数据处理与分析，支持包括数据读/写、数值计算、数据处理、数据分析和数据可视化全套流程操作。pandas可以从CSV、JSON、SQL、Microsoft Excel等各种常见格式文件中导入数据，并能够对各种数据进行归并、再成形、选择、数据清洗和数据加工等操作，在学术、金融、统计学等各个数据分析领域都有十分广泛的应用。

pandas的运行依赖于NumPy提供的高性能矩阵运算，安装pandas，在命令行窗口中运行如下命令：

```
pip install pandas
```

在pandas中有两种常见的数据结构：Series和DataFrame。Series由索引（index）和列组成，类似表格中的一个列（column）或一个一维数组，可以保存任何数据类型。DataFrame可以看作是一张二维表，有点类似于Excel的工作表。DataFrame的最上面一行称为columns，即各列数据的列名，最左面一列称为index，即每一行的索引。

pandas中经常使用的方法如表11-2所示。

表 11-2　pandas 中经常使用的方法

文件格式	读取函数	写入（输出）函数
Excel	read_excel	to_excel
CSV	read_csv read_table	to_csv
JSON	read_json	to_json
网页表格 HTML	read_html	to_html
剪贴板	read_clipboard	to_clipboard
SQL	read_sql	to_sql

为了更好地理解这些内容，先使用pandas做个简单的练习。

【例11-2】从天气数据文件中选择气温、温度、时间等数据。

打开本书配套的天气数据文件weatherdata.csv，查看数据如下：

```
,temp,humidity,pressure,description,dt,wind_speed,wind_deg,city,day,dist
0,22.68,60,1018,Sky is Clear,1435390925,2.1,80,Asti,2015-06-27 09:42:05,315
1,24.05,60,1018,Sky is Clear,1435394243,2.6,50,Asti,2015-06-27 10:37:23,315
2,26.562,57,1018,Sky is Clear,1435399017,2.1,100,Asti,2015-06-27 11:56:57,315
3,27.205,57,1017,Sky is Clear,1435402420,2.1,70,Asti,2015-06-27 12:53:40,315
4,28.56,29,1017,Sky is Clear,1435406056,2.06,154.505,Asti,2015-06-27 13:54:16,315
5,29.53,45,1016,Sky is Clear,1435409702,1.5,50,Asti,2015-06-27 14:55:02,315
6,30.51,48,1015,Sky is Clear,1435416896,1,0,Asti,2015-06-27 16:54:56,315
7,31.44,45,1015,Sky is Clear,1435420540,1.5,140,Asti,2015-06-27 17:55:40,315
8,30.46,48,1014,Sky is Clear,1435424294,2.1,50,Asti,2015-06-27 18:58:14,315
9,28.82,54,1014,Sky is Clear,1435427934,2.1,100,Asti,2015-06-27 19:58:54,315
10,22.81,73,1015,Sky is Clear,1435438355,2.6,10,Asti,2015-06-27 22:52:35,315
11,21.875,73,1016,Sky is Clear,1435442239,3.1,340,Asti,2015-06-27 23:57:19,315
12,21.59,73,1016,Sky is Clear,1435445861,2.6,320,Asti,2015-06-28 00:57:41,315
13,20.13,77,1017,broken clouds,1435453229,2.1,340,Asti,2015-06-28 03:00:29,315
14,19.81,73,1017,broken clouds,1435456485,1.5,360,Asti,2015-06-28 03:54:45,315
15,18.44,77,1018,few clouds,1435460039,2.6,30,Asti,2015-06-28 04:53:59,315
16,18.01,77,1018,Sky is Clear,1435463877,2.1,360,Asti,2015-06-28 05:57:57,315
17,18.58,84,1016,Sky is Clear,1435467179,0.88,321.501,Asti,2015-06-28 06:52:59,315
18,20.08,73,1018,Sky is Clear,1435470849,1,0,Asti,2015-06-28 07:54:09,315
19,20.98,68,1018,Sky is Clear,1435474468,1,0,Asti,2015-06-28 08:54:28,315
```

针对上述数据，直接使用时会存在列名不是中文、数据过多等问题，需要进行进一步处理和筛选。使用pandas编写程序，尝试完成以下功能：

① 输出读取到的CSV文件信息。

② 输出CSV文件头信息。

③ 输出部分数据列的列名为汉字列名。

④ 获取指定几列数据。

程序代码如下：

```
import pandas as pd
df=pd.read_csv('weatherdata.csv')                    #读取CSV文件
print(df.info())                                     #输出dataframe的信息
print(df.head())                                     #输出dataframe的头信息
df1=df.rename(columns={'temp': '气温', 'humidity': '湿度', 'pressure':
'气压', 'day': '时间'})                               #修改部分数据列的列名
df1=df1.drop('description', axis=1)                  #删除不改表原始数据，可以通过重
                                                     #新赋值的方式赋值该数据
print(df1.head())
# 选择三列
col_n=['气温', '湿度', '时间']
df1=pd.DataFrame(df1, columns=col_n)                 #获取指定三列数据
print(df1.to_string())
df1['时间']=pd.to_datetime(df1['时间']).dt.time  #从日期中提取时分秒
print(df1.to_string())
```

程序运行结果：

```
<class 'pandas.core.frame.DataFrame'>
RangeIndex: 20 entries, 0 to 19
Data columns (total 11 columns):
 #   Column        Non-Null Count  Dtype
---  ------        --------------  -----
 0   Unnamed: 0    20 non-null     int64
 1   temp          20 non-null     float64
 2   humidity      20 non-null     int64
 3   pressure      20 non-null     int64
 4   description   20 non-null     object
 5   dt            20 non-null     int64
 6   wind_speed    20 non-null     float64
 7   wind_deg      20 non-null     float64
 8   city          20 non-null     object
 9   day           20 non-null     object
 10  dist          20 non-null     int64
dtypes: float64(3), int64(5), object(3)
memory usage: 1.8+ KB
None
   Unnamed: 0    temp  humidity  ...  city                  day  dist
0           0  22.680        60  ...  Asti  2015-06-27 09:42:05   315
1           1  24.050        60  ...  Asti  2015-06-27 10:37:23   315
2           2  26.562        57  ...  Asti  2015-06-27 11:56:57   315
3           3  27.205        57  ...  Asti  2015-06-27 12:53:40   315
4           4  28.560        29  ...  Asti  2015-06-27 13:54:16   315

[5 rows x 11 columns]
Unnamed: 0气温   湿度  气压  ... wind_deg city        时间             dist
0      0  22.680  60  1018  ...  80.000   Asti  2015-06-27 09:42:05  315
1      1  24.050  60  1018  ...  50.000   Asti  2015-06-27 10:37:23  315
2      2  26.562  57  1018  ... 100.000   Asti  2015-06-27 11:56:57  315
3      3  27.205  57  1017  ...  70.000   Asti  2015-06-27 12:53:40  315
4      4  28.560  29  1017  ... 154.505   Asti  2015-06-27 13:54:16  315

[5 rows x 10 columns]
      气温   湿度         时间
0   22.680  60  2015-06-27 09:42:05
1   24.050  60  2015-06-27 10:37:23
2   26.562  57  2015-06-27 11:56:57
3   27.205  57  2015-06-27 12:53:40
4   28.560  29  2015-06-27 13:54:16
5   29.530  45  2015-06-27 14:55:02
6   30.510  48  2015-06-27 16:54:56
7   31.440  45  2015-06-27 17:55:40
8   30.460  48  2015-06-27 18:58:14
9   28.820  54  2015-06-27 19:58:54
10  22.810  73  2015-06-27 22:52:35
11  21.875  73  2015-06-27 23:57:19
12  21.590  73  2015-06-28 00:57:41
13  20.130  77  2015-06-28 03:00:29
14  19.810  73  2015-06-28 03:54:45
```

```
15  18.440  77  2015-06-28 04:53:59
16  18.010  77  2015-06-28 05:57:57
17  18.580  84  2015-06-28 06:52:59
18  20.080  73  2015-06-28 07:54:09
19  20.980  68  2015-06-28 08:54:28
       气温    湿度    时间
0   22.680  60  09:42:05
1   24.050  60  10:37:23
2   26.562  57  11:56:57
3   27.205  57  12:53:40
4   28.560  29  13:54:16
5   29.530  45  14:55:02
6   30.510  48  16:54:56
7   31.440  45  17:55:40
8   30.460  48  18:58:14
9   28.820  54  19:58:54
10  22.810  73  22:52:35
11  21.875  73  23:57:19
12  21.590  73  00:57:41
13  20.130  77  03:00:29
14  19.810  73  03:54:45
15  18.440  77  04:53:59
16  18.010  77  05:57:57
17  18.580  84  06:52:59
18  20.080  73  07:54:09
19  20.980  68  08:54:28
```

【例11-3】使用pandas读取Excel文件“成绩.xlsx”中所有数据。成绩.xlsx文件内容如图11-1所示。

	A	B	C	D	E	F	G
1	学号	姓名	测试一	测试二	测试三	测试四	最终成绩
2	102101	张森旭	48	20	22	6	48
3	102102	张雨露	88	18	22	48	88
4	102103	陈鑫	88	18	22	48	88
5	102104	陈佳慧	52	18	26	8	52
6	102105	洪晓陈	50	20	22	8	50
7	102106	陈艳	94	18	26	50	94
8	102107	李玉文	87	18	20	49	87
9	102108	张硕	50	18	24	8	50
10	102109	张李欣	54	20	26	8	54
11	102110	李妮	80	18	22	40	80

图 11-1　成绩表效果图

步骤1：Pandas与openpyxl组合处理Excel更加方便，先安装openpyxl：

```
pip install  openpyxl
```

步骤2：使用pandas中的DataFrame读取，具体代码如下：

```
import  pandas  as pd
file='成绩.xlsx'
df=pd.DataFrame(pd.read_excel(file))
df1=df[['姓名', '最终成绩']] #筛选要显示的列
print(df1)
```

运行结果是将Excel文件中数据全部读出并显示：

```
    姓名    最终成绩
0  张森旭     48
1  张雨露     88
2   陈鑫     88
3  陈佳慧     52
4  洪晓陈     50
5   陈艳     94
6  李玉文     87
7   张硕     50
8  张李欣     54
9   李妮     80
```

如果pandas要获取Excel中指定工作表Sheet，可以使用如下格式：

```
import  pandas  as pd
pd.DataFrame(pd.read_excel('文件名.xlsx', sheet_name='工作表索引号'))
```

例如，要想获取第1张工作表：

```
df=pd.DataFrame(pd.read_excel('weather815.xlsx',sheet_name=1))
```

pandas的功能十分强大，各种参数众多，如果想要达到运用自如的状态，还需要深入地学习官网使用指南或参考相关书籍。

3. Matplotlib简介

Matplotlib是Python中类似MATLAB的第三方绘图库，是Python 2D-绘图领域使用最广泛的套件之一，它包含了大量的工具，能让用户轻松地将数以图形化呈现，pyplot是其中的一个包，pyplot这个包中有一个最常用的绘图函数plot()，使用plot()函数可以方便地绘制2D图，实现绘制线图、散点图、等高线图、条形图、柱状图、3D图形等各式各样的图形，经常被用于实现数据可视化工作。

Matplotlib的安装，在命令提示符（cmd）中输入：

```
pip install matplotlib
```

Matplotlib功能十分强大，有很多可以进行配置的项目，可以实现很多个性化的绘图。为了使读者快速入门，先通过下面的这个例子熟悉一下它的用法。

【例11-4】将某设备在工作时动态变化的电压数据以折线图方式呈现出来。

获取该设备在指定时间区间内的电压值，并使用Matplotlib中的pyplot模块绘制折线图，注意注释中对各行代码的说明。

```
import numpy as np
import matplotlib.pyplot as plt
#X轴、Y轴数据
x=[0, 1, 2, 3, 4, 5, 6]
y=[3, 4.5, 5, 6, 4.5, 4.3, 3]
plt.figure(figsize=(8, 4))                          #创建绘图对象
#在绘图对象绘图（X轴、Y轴、蓝色虚线、线宽度为1）
plt.plot(x, y, "b--", linewidth=1)
plt.rcParams['font.sans-serif']=['SimHei']          #用来正常显示中文标签
```

```
plt.rcParams['axes.unicode_minus'] = False          #用来正常显示负号
plt.xlabel("时间(s)")                                #X轴标签
plt.ylabel("电压（V）")                              #Y轴标签
plt.title("电压变化图")                              #图标题
plt.show()                                           #显示图
```

程序运行后，生成如图11-2所示的图表。

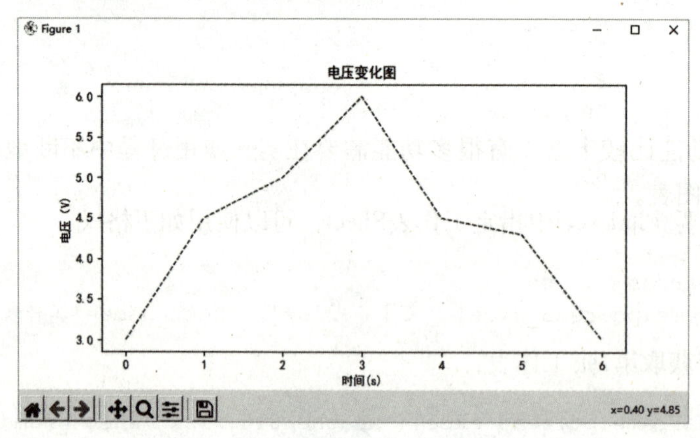

图 11-2　设备电压与时间的关系图

为便于加深对Matplotlib的研究，更好地发挥Matplotlib的作用，需要对其工作方式进行研究，理解其中的各种配置语句。在绘图之前，需要创建一个Figure对象，可以理解成绘图时需要先准备一个画板。在创建Figure对象之后，还需要准备X轴、Y轴、标题，还要考虑汉字、负号的显示问题，尤其注意在代码plt.plot(x, y, "b--", linewidth=1)中涉及的参数较多，其中“b”表示颜色，“--”表示线条类型，具体样式如表11-3所示。

表 11-3　绘图样式

字　符	描　述	字　符	描　述
'-'	实线样式	'<'	左三角标记
'--'	短横线样式	'>'	右三角标记
'-.'	点画线样式	'1'	下箭头标记
':'	虚线样式	'2'	上箭头标记
'.'	点标记	'3'	左箭头标记
','	像素标记	'4'	右箭头标记
'o'	圆标记	's'	正方形标记
'v'	倒三角标记	'p'	五边形标记
'^'	正三角标记	'*'	星形标记
'h'	六边形标记 1	'x'	X 标记
'H'	六边形标记 2	'D'	菱形标记
'+'	加号标记	'd'	窄菱形标记
'|'	竖直线标记	'_'	水平线标记

绘图颜色的缩写如表11-4所示。

表 11-4　绘图颜色的缩写

字　符	颜　色	字　符	颜　色
'b'	蓝色	'm'	品红色
'g'	绿色	'y'	黄色
'r'	红色	'k'	黑色
'c'	青色	'w'	白色

Matplotlib功能比较丰富，有很多功能需要在实际使用过程中不断地调整配置参数，以绘制出理想的图表。

任务分析

任务11.2首先需要筛选城市，根据我国三阶梯地形及平原的分布情况，选择纬度和海拔接近但离海边距离不同的三个城市：连云港、枣庄、郑州，然后通过访问天气网站获取各城市的历史天气数据，处理后得到各城市的最高、最低气温，最后绘制折线图，以直观方式展示效果。

任务实施

为实现不同城市气温数据的对比，在此先进行获取连云港、枣庄、郑州3个城市未来25天最高和最低气温，存储在文件weather815.xlsx中，最后使用Matplotlib绘制图表对比。

1. 显示3个城市最低气温

编写程序获取各城市未来25天的最低气温。程序代码如下：

```
import matplotlib.pyplot as plt
import pandas as pd
citys=["连云港", "枣庄", "郑州"]
linstyle=['-', ':', '--']      #绘制折线类型
datelist=[]
min_templist=[]
#1.获取数据
for i in [0, 1, 2]:            #通过循环从Excel中逐个取sheet工作表
    df=pd.DataFrame(pd.read_excel('weather815.xlsx', sheet_name=i))
    t=df[['日期', '最低温']]    #筛选要显示的列
    datelist=t['日期'].values
    min_templist=t['最低温'].values
#2.绘制图表
    #解决Matplotlib 中文会乱码问题需要配置下后台字体
    plt.rcParams['font.sans-serif']=['SimHei']    #用来正常显示中文标签
    plt.rcParams['axes.unicode_minus']=False      #用来正常显示负号
    plt.title("最低温度比较")                     #设置图表标题
    x=datelist                                    #X轴显示日期
    y=min_templist                                #Y轴显示最低温度
    plt.xlabel('日期')                            #横坐标显示日期
```

```
    plt.ylabel('温度/℃')                                    #纵坐标显示温度
    for a, b in zip(x, y):                                 #标识温度值
       plt.text(a,b,'%.0f'% b,ha='center',va='bottom',fontsize =11)
    plt.plot(x, y, linstyle[i], label=citys[i])#不同线型绘制各城市温度折线图
plt.legend()                                               #创建图例
plt.show()                                                 #显示图像
```

程序运行结果如图11-3所示。

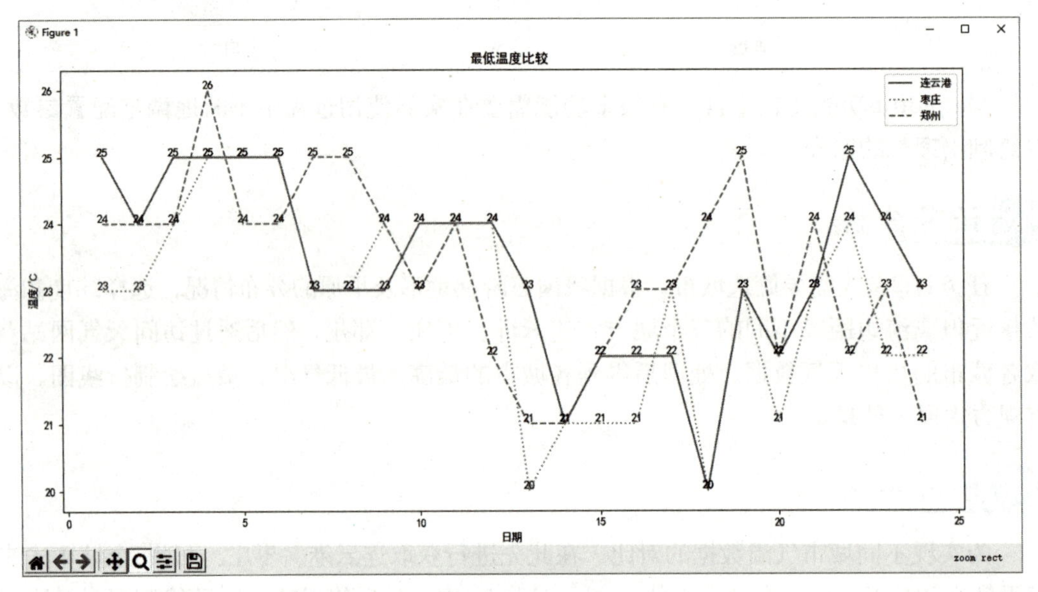

图 11-3　三个城市最低气温对比图

2. 显示3个城市最高气温

同理，可以对程序稍加修改，获取目标城市最高气温，程序如下：

```
import matplotlib.pyplot as plt
import  pandas  as pd
citys=["连云港", "枣庄", "郑州"]
linstyle=['-', ':', '--']                     #绘制折线类型
datelist=[]
maxtemplist=[]
#1.准备数据
for i in [0,1,2]:                             #通过循环从Excel中逐个取sheet工作表
    df=pd.DataFrame(pd.read_excel('weather815.xlsx',sheet_name=i))
    t=df[['日期', '最高温']]                   #筛选要显示的列
    datelist=t['日期'].values                  #获取日期数据存放到列表中
    maxtemplist=t['最高温'].values             #获取最高温数据存放到列表中
    #2.绘制图表
    #解决Matplotlib乱码问题需要配置后台字体
    plt.rcParams['font.sans-serif']=['SimHei']      #用来正常显示中文标签
    plt.rcParams['axes.unicode_minus']=False        #用来正常显示负号
    plt.title("最高温度比较")                         #设置图表标题
    x=datelist                                      #X轴显示日期
    y=maxtemplist                                   #Y轴显示最低温度
```

```
    plt.xlabel('日期')                                      #横坐标显示日期
    plt.ylabel('温度/℃')                                   #纵坐标显示温度
    for a, b in zip(x, y):                                  #标识温度值
        plt.text(a, b, '%.0f' % b, ha='center', va='bottom', fontsize=11)
    plt.plot(x, y, linstyle[i], label=citys[i]) #不同线型绘制各城市温度折线图
plt.legend()                                                #创建图例
plt.show()                                                  #显示图像
```

程序运行结果如图11-4所示。

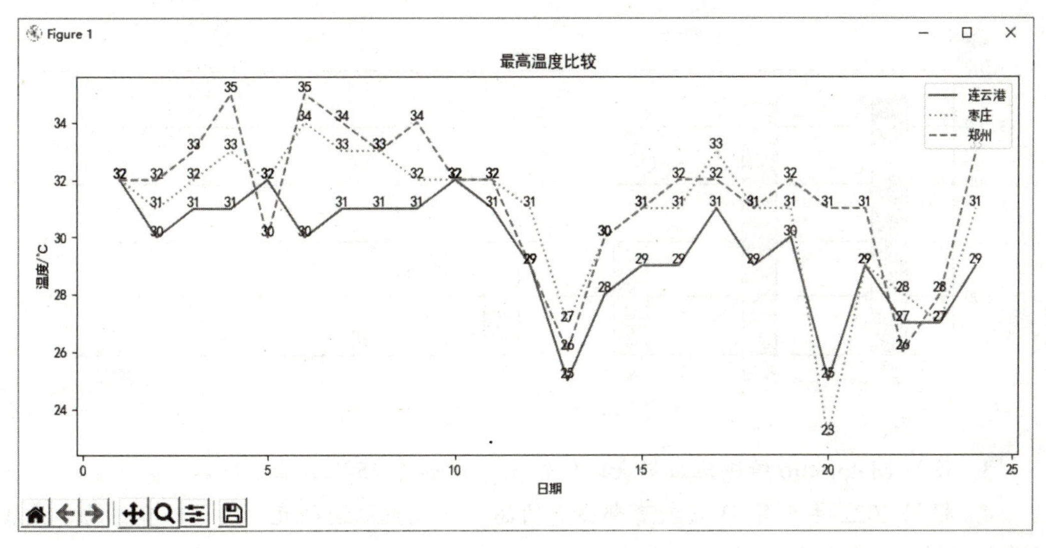

图 11-4　目标城市最高气温对比图

3．结论

通过观察图11-3和图11-4，在直观的图表中，比较容易发现以下规律：在海拔、纬度、天气状况相近的条件下，距离海洋远近对城市的最低气温影响不太明显，但对最高气温影响较为明显，海滨城市距离海洋较近，最高气温相对较低，距离海洋较远的城市最高气温较高，印证了距离海洋的远近与最高温度存在一定的相关性。

单元小结

数据可视化是一种将复杂数据借助于图形化手段直观展示的方式，让人可以一目了然地理解数据特征，发现其中的规律。数据可视化往往需要NumPy、pandas等工具事先进行数据清洗、数据处理等基础性工作，处理后再使用Matplotlib进行绘图。本单元对数据处理、数据可视化进行了简单介绍，要想充分发挥这三者的功能，还需要对这三者进行深入的学习。

课后练习

1. 尝试将例 11-2 中的天气温度数据转换成折线图。

2. 北京近 3000 天的天气数据是“晴：1365 天，多云：336 天，雨：581 天，阴：446 天，其他：133 天，雪：105 天，沙尘：34 天”。请根据天气数据绘制类似如图 11-5 所示图表。

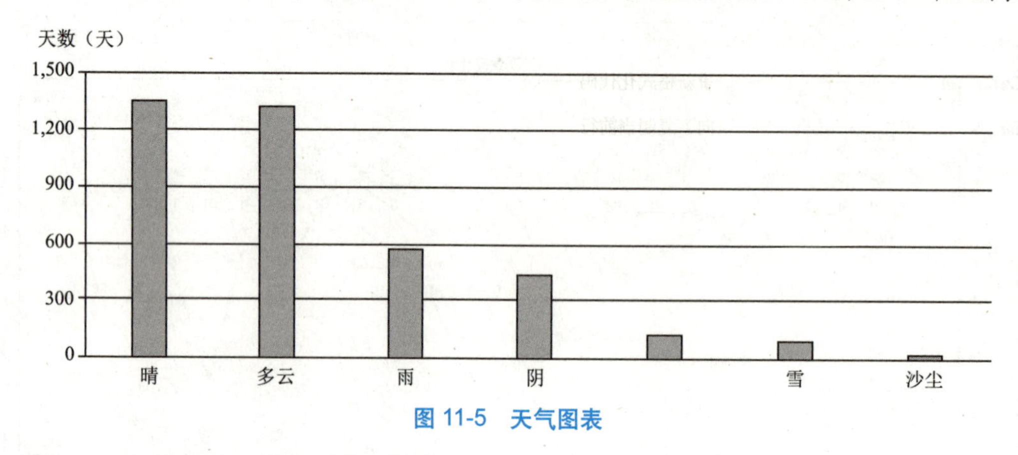

图 11-5　天气图表

3. 使用 Matplotlib 绘制班级男女比例饼图（例如男 25 人，女 20 人）。

4. 根据 2022 年 5 月 31 日教育部公布的高等学校数据绘制直方图，以直观的方式展示学校数量，具体数据如表 11-5 所示

表 11-5　高等学校数据

各类学校数	2022 年
本科院校（所）	1270
高职（专科）（所）	1489
成人高等学校（所）	254

附　录

PyCharm常用快捷方式主要有：

Ctrl+Alt+L	重新格式化代码
Ctrl+d	向下复制当前行
Ctrl+/	注释 / 取消注释单行和多行
Tab	向右缩进，选中多行可以同时缩进多行
Shift+Tab	向左缩进，选中多行可以同时缩进多行
Ctrl+F	查找
Ctrl+r	替换
F2	能够快速定位到错误的地方
Shift+ 回车	在光标所在行后产生一个新的空行
Ctrl+-	折叠函数、类等代码
Ctrl++	展开函数、类等代码
Ctrl+Shift+-	批量折叠函数、类等
Ctrl+Shift++	批量展开函数、类等
Ctrl+Shift+F12	开启 / 关闭工具栏窗口
Ctrl + 左方括号	快速跳到代码开头
Ctrl + 右方括号	快速跳到代码末尾
双击 Shift	任意位置查找
Shift + F6	可对光标处变量重命名
x.print	可快速打印 x

参考文献

[1] 马瑟斯. Python编程从入门到实践：第2版[M]. 袁国忠，译. 北京：人民邮电出版社，2020.

[2] 甘勇, 吴怀广. Python程序设计[M]. 北京：中国铁道出版社，2016.

[3] 刘卫国. Python语言程序设计[M]. 北京：电子工业出版社，2016.

[4] 明日科技. 零基础学Python[M]. 2版. 长春：吉林大学出版社，2021.

[5] 张学建. Python学习笔记：从入门到实战[M]. 北京：中国铁道出版社，2019.

[6] 明日科技. Python编程锦囊[M]. 长春：吉林大学出版社，2019.

[7] 闫俊伢, 夏玉萍, 陈实, 等. Python编程基础[M]. 北京：人民邮电出版社，2016.

[8] 黑马程序员. Python快速编程入门[M]. 北京：人民邮电出版社，2017.

[9] 赵英良, 卫颜俊, 仇国巍, 等. Python程序设计[M]. 北京：人民邮电出版社，2016.